초코홀릭

내 안에 잠자고 있는 초코홀릭 감성을 깨우자!

돔 램지 지음 | 이보미 옮김

DK

시그마북스
Sigma Books

차례

초콜릿에
사로잡히다

이 책은 초콜릿의 세계를 상세히 담고 있다. 독자들은 이 책을 통해 카카오나무가 어떻게 초콜릿이 되는지 알게 되고, 세계 주요 카카오 산지를 탐험하게 될 것이다. 최고 품질의 초콜릿을 선별할 수 있는 방법을 통해 초콜릿을 맛보는 매순간 그 향미를 즐기는 법도 배울 수 있다. 코코아콩과 설탕, 그리고 간단한 도구만으로 직접 초콜릿을 만드는 법을 배워보자. 세계적인 쇼콜라티에, 파티시에, 초콜릿 전문가의 놀라운 레시피를 직접 만들고 즐기고픈 기분에 사로잡힐 것이다.

초콜릿에 얽힌
전통과 사람을 만나다

2006년에 초콜릿 여행을 시작했을 당시 이 검고 신비로운 식품은 나에게 미지의 세계였다. 핸드메이드 프레시 트뤼플과 싱글 오리진 수제 초콜릿을 처음 맛본 이후 나는 초콜릿에 완전히 매료되었다. 초콜릿이라는 멋진 세계에 눈을 뜨게 된 배경에는 맛 이외에도 초콜릿에 얽힌 사람들과의 만남이 있다. 혁신적인 쇼콜라티에들, 헌신적이고 열정적인 빈투바(bean to bar) 초콜릿 회사들, 이 모든 것을 가능케 하는 사람들, 그리고 착취당하는 카카오 농부들과의 만남을 통해 나는 가능한 최고의 초콜릿을 만들겠다는 간단명료한 목표 하나만으로 '댐슨 초콜릿'이라는 빈투바 초콜릿 회사를 설립하기에 이르렀다.

　매혹적인 초콜릿의 세계는 사람을 빠져들게 하는 마력이 있다. 내가 초콜릿 여행에서 영감을 받았듯 독자들도 이 책을 통해 초콜릿을 더욱 깊이 탐구하고자 하는 호기심이 생기길 바란다.

돔 램지(Dome Ramsey)

도와준 사람들

이 책에 담긴 달고 짭짤한 재료를 활용한 초콜릿 레시피는 아래의 세계적인 파티시에, 쇼콜라티에, 믹솔로지스트, 푸드 라이터의 손을 거쳐 완성되었다.

브루노 브레이엣(Bruno Breillet)
영국 켄트에 있는 '브루노즈 베이크스 앤드 커피'의 공동대표이자 초콜릿 대회에서 수상한 경력이 있는 헤드 파티시에다. 프랑스 리옹 출신으로 미국-프랑스식 디저트를 전공했다. 파티 플래너, 케이터러, 요리연구가이기도 하다.

캐롤라인 브레터톤(Caroline Bretherton)
DK출판사의 베스트셀러인 『스텝바이스텝 베이킹(Step-by-Step Baking)』을 비롯해 다섯 권의 요리책을 출간한 이력이 있는 푸드 라이터다. 신선한 재료와 현대식 요리법을 선호하며 특히 디저트 분야에 관심이 많다. 현재 미국 노스캐롤라이나에 있는 자택에서 근무한다.

제스 카(Jesse Carr)
미국 버지니아에서 어린 시절을 보내며 할머니와 할아버지를 위해 칵테일을 만들기도 했다. '메종 프르미에르'를 비롯한 여러 뉴욕 라운지 바에서 믹솔로지스트 경력을 쌓았다. 현재 뉴올리언스에 거주하며 '라 프티트 그로써리'와 '발리즈'의 바텐더로 활동하고 있다.

미카 카-힐(Micah Carr-Hill)
푸드 라이터이자 식품과학자, 제품개발자, 맛 컨설턴트다. '그린 앤드 블랙스 초콜릿'과 '펌프 스트리트 베이커리 초콜릿'에서 일했다.

리자베스 플래내건(Lisabeth Flanagan)
캐나다 매니툴린 섬에서 쇼콜라티에이자 초콜릿 평론가로 활동하고 있다. 고급 디저트 전문 업체인 '얼티메이틀리 초콜릿'의 오너이며, '더 얼티메이트 초콜릿 블로그'에 초콜릿에 관한 글을 매주 게재하고 있다.

샬롯 플라워(Charlotte Flower)
스코틀랜드 퍼스셔에서 쇼콜라티에로 활동하고 있다. 샬롯이 만드는 트뤼플과 초콜릿은 아름다운 주변 경관에서 오는 자연적 향미와 전 세계의 초콜릿이 한데 어우러진듯하다.

브라이언 그래햄(Bryan Graham)
뉴욕주 캣스킬 산에 위치한 빈투바 초콜릿 회사인 '프루이션 초콜릿 워크스 앤드 컨팩셔너리'의 설립자다. 초콜릿을 전공하기 전에는 뉴욕 '우드스탁'에서 파티시에로 일했다.

크리스티앙 휨(Christian Hümbs)
정규 교육을 받은 셰프이자 파티시에로 독일의 유명한 미슐렌 레스토랑 여러 곳에서 파티시에로 일했다. DK출판사에서 출간한 『감동을 주는 베이킹(Bake to Impress)』의 저자다.

에드 킴벌(Edd Kimber)
영국에서 제빵사이자 푸드 라이터, 방송인으로 활동하고 있다. 세 권의 요리책을 출간했으며, 『빵 굽는 소년(The Boy Who Bakes)』블로그로 초콜릿 대회에서 수상한 경력이 있다.

윌리엄 빌 맥카릭(William Bill McCarrick)
뉴욕 CIA요리학교의 파티시에 강사다. 유럽에서 정식 교육을 받은 뒤 아시아에서 파티시에로 활동하며 초콜릿 대회에서 상을 받았다. 런던으로 이주한 뒤 해롯백화점에서 판매하는 초콜릿과 패스트리 제품을 총괄하는 역할을 맡았다. 2005년에 영국 서리에 '한스 슬론 초콜릿' 회사를 설립했다.

마리셀 E. 프리실라(Maricel E. Presilla)
'국제 초콜릿 시상식(International Chocolate Awards)'의 창립자다. 초콜릿 대회에서 수상한 경력이 있는 셰프이자 푸드 라이터다. 전문 분야는 라틴아메리카와 스페인 요리다. 초콜릿 연구회사인 '그랜 카카오 컴퍼니'의 회장이며, 라틴아메리카에서 생산되는 최상급 카카오콩을 전문으로 취급한다.

폴 A. 영(Paul A. Young)
초콜릿 대회에서 수상한 경력이 있는 쇼콜라티에이자 푸드 라이터로 런던에서 활동하며 초콜릿 판매점을 운영하고 있다. 초콜릿을 전공하기 전에는 마르코 피에르 화이트가 운영하는 '쿼바디스'와 '크라이테리온'에서 헤드 파티시에로 일했다. 2014년에 '국제 초콜릿 시상식'에서 '뛰어난 영국인 쇼콜라티에 상'을 수상했다.

초콜릿 입문

인류는 4,000년 전부터 다양한 형태로 초콜릿을 즐겨왔다. 전 세계를 누빈 초콜릿의 놀라운 대장정과 오늘날 우리가 즐기는 초콜릿 형태에 이르기까지 거쳐 온 변화의 발자취를 따라가 보자.

초콜릿 혁명

1800년대 중반에 세계인의 입맛을 사로잡은 판초콜릿이 나오기 전까지 초콜릿은 수천 년간 향료를 첨가한 씁쓸한 음료 형태로 소비되었다. 오늘날, 새로운 초콜릿 혁명이 시작되고 있다. 전 세계적으로 수제초콜릿 열풍이 일어나면서 신선한 재료에 장인의 기술이 더해진 고급 초콜릿이 탄생한 것이다.

다양한 초콜릿 상품
고급 초콜릿을 만드는 국제적인 빈투바 초콜릿 회사가 늘고 있다.

새로운 접근

19세기 중반에 'J.S. 프라이 앤드 선즈'가 최초로 판초콜릿을 선보였다. 이후로도 꾸준히 제과업계는 우리의 입맛을 따라잡기 위해 고군분투하고 있다. 새로운 방식과 맛을 동원해 우리의 관심을 사로잡을 새로운 무언가를 끊임없이 추구하고 있는 것이다.

대형 초콜릿 회사들에게는 커다란 과제가 있다. 세계적으로 계속 증가하는 초콜릿 수요를 충족시키는 동시에 비용을 최소화해야 하다. 즉, 가장 저렴한 가격에 대량생산되는 카카오 품종을 확보해야 한다는 의미다. 우리가 좋아하는 유명 초콜릿 브랜드에 연간 수백만 톤의 값싼 코코아가 사용된다. 그러나 대부분의 대형회사들이 중요한 점을 간과하고 있다. 바로 코코아의 품질이다.

수제초콜릿 열풍이 활기를 띠면서 코코아콩의 품질과 향미, 그리고 지속가능성에 대한 중요성이 대두되기 시작했다. 전 세계 수제초콜릿 제조자들이 카카오나무가 초콜릿이 되기까지의 전 과정에 관여하는 새로운 방식을 내세우고 있다.

트리투바(tree to bar) 초콜릿
수제초콜릿 제조자들은 품질을 상당히 중요시한다. 이들은 카카오콩 하나하나에서 최고의 맛을 끌어내기 위해 제작 초기단계부터 전 과정에 세심하게 관여한다.

카카오꼬투리를 가공 처리하는 작업은 농부가 담당한다. 수제초콜릿 제조자들은 품질 향상을 위해 농부들과 긴밀하게 일한다.

수제초콜릿 제조자들은 **코코아콩**의 향미를 살리기 위해 직접 정성껏 로스팅한다.

코코아매스에 천연향료를 첨가한 후 원하는 질감이 될 때까지 미분쇄한다.

향미를 발현시키고 극대화하기 위해 **초콜릿**을 숙성시키기도 한다.

초콜릿 업계의 새로운 열풍

세계적인 초콜릿 혁명의 중심에는 수제초콜릿 제조자와 쇼콜라티에가 있다. 이 선구자들은 전 세계 초콜릿 업계에 품질, 지속가능성, 윤리를 중시하는 새로운 바람을 몰고 왔다.

공정무역과 유기농

수많은 초콜릿 회사가 지속가능성과 제품이력의 추적 문제를 개선하기 위해 노력했다. 특히 이 업계의 미성년자 노동과 빈곤에 대한 문제의식이 높아지면서 지속가능성과 공정무역을 준수한 초콜릿에 대한 수요도 증가했다. 공정무역재단에 협력하는 회사가 늘어났으며, 특히 수제초콜릿 제조자들은 농부들과 직접적으로 작업하고, 좋은 카카오콩을 구매하는 데 정당한 대금을 지급하는 등 품질과 노동조건을 개선하는 데 기여하고 있다.

빈투바(Bean to bar)

1900년대 중반, 미국의 시판 초콜릿에 질린 모험적 성향의 애호가들이 초기단계부터 직접 관여해 고급초콜릿을 만들기 시작했다. 이것이 빈투바 수제초콜릿 열풍의 시초다. 카카오콩이 완벽한 초콜릿이 되기까지의 전 제작 과정에 직접 관여하는 것이다.

빈투바 초콜릿 회사들은 가능한 최고의 재료를 공수하고, 초콜릿 생산기계도 직접 제작하는 등의 노력을 통해 소비자에게 새로운 초콜릿을 선사하는 데 성공했다. 수제초콜릿 회사의 수는 계속 증가해서 현재 미국에서만 300개가 넘는다.

초반에 미국 이외의 다른 국가에서는 주춤하는 형세를 보였다. 그런데 초콜릿 생산기계의 제작비용이 하락하자, 세계 곳곳에 빈투바 초콜릿 회사가 들어서기 시작했다. 이들은 품질과 맛에 대한 열정을 갖고 각자만의 독특한 스타일과 접근법으로 초콜릿을 만들고 있다.

트리투바(Tree to bar)

지난 수백 년간 코코아 생산과 가공 처리는 적도지역에서 이루어지고, 가공 처리한 코코아를 초콜릿으로 제작하는 과정은 다른 지역에서 진행되었다. 20년 전부터 카카오 산지에 초콜릿 공장이 들어서기 시작했는데, 초콜릿을 만들어 판매하는 것이 카카오 재배보다 수익이 높다는 사실이 이에 한몫했다. 이렇듯 카카오 재배와 초콜릿 제작을 한 지역에서 일괄적으로 진행하는 새로운 생산방식 덕분에 최빈국 국가의 경제상황도 나아지기 시작했다.

수제초콜릿

초콜릿 혁명의 바람을 타고 새로운 제작방식을 거쳐 탄생한 프랄린, 트뤼플, 쉘초콜릿(filled chocolate; 다양한 재료로 속을 채운 초콜릿-옮긴이)은 초콜릿의 전형적인 형태를 바꾸어 놓았다. 초콜릿과 속재료의 완벽한 조합을 추구하는 쇼콜라티에들은 신선한 재료를 사용해 싱글 오리진 초콜릿을 만들기 시작했다. 이렇게 완성된 '생초콜릿'은 방부제가 없어 보관할 수 있는 기한이 짧다. 모험적 성향의 쇼콜라티에들은 간단한 가나슈나 과일 캐러멜부터 시작해서 이국적 향료나 허브, 치즈, 베이컨과 같이 흔히 사용하는 짭짤한 재료에 이르기까지 다양한 맛을 내는 재료를 광범위하게 활용한다.

싱글 오리진(Sigle origin)

와인과 커피 업계의 성공에서 영감을 얻은 초콜릿 회사들은 싱글 오리진 초콜릿을 만들기 위해 기존과는 다른 새로운 코코아 산지를 찾아 나섰다.

제과용 초콜릿에 사용되는 코코아는 주로 서아프리카에서 재배된다. 대량재배가 가능한 품종이지만, 대부분 향미가 떨어진다는 단점이 있다. 따라서 수제초콜릿 회사들은 독특하고 복합적인 향미를 갖춘 품종을 찾아 중앙아메리카, 카리브해 지역, 아시아로 눈을 돌리고 있다.

초콜릿의 기원

아메리카 대륙은 3,500년 이전부터 초콜릿을 즐겼다. 처음에는 종교의식에서 음료로 소비되던 것이 고대 메소아메리카 시대에 와서는 고가치 상품 중 하나로 자리 잡았다. 화려한 빛깔의 깃털이나 보석, 옷 등을 카카오콩과 교환했던 것으로 알려진다.

고대시대의 코코아

초콜릿의 역사는 16세기에 스페인 정복자가 등장하기 훨씬 이전으로 거슬러 올라가며, 고대 메소아메리카 곳곳에 복잡한 초콜릿의 역사가 스며들어 있다. 중앙아메리카의 최초 원주민부터 시작된 코코아를 마시는 관행은 그 후로도 수천 년간 이어진다.

많은 고대왕국들이 코코아를 숭배했다

메소아메리카는 현재의 멕시코 중앙지역과 북부 코스타리카를 가리킨다. 올멕 문명, 마야 문명, 아즈텍 문명을 비롯한 강력한 고대왕국이 연달아 이 지역을 지배했고, 이들 모두가 코코아를 숭배했다. 처음에는 카카오 과육을 갈아 되직한 음료로 마셨고, 이후에는 코코아콩을 갈아서 마셨다(16~17쪽 참조). 소비 대상은 주로 지배계층이었다.

고고학적 발견

메소아메리카에 서식하는 식물 중 카페인과 테오브로민 성분을 모두 함유한 식물은 카카오밖에 없다(우측 참조). 토기 파편을 분석하던 학자들은 두 성분의 유무를 기준으로 토기에 코코아가 담겼는지 여부를 확인했다. 가장 오래 전부터 카카오를 소비했다고 알려진 지역은 멕시코 소코누스코 부근으로 '파소 델 라 아마다(Paso de la Amada)' 발굴현장에서 그 흔적이 발견되었다.

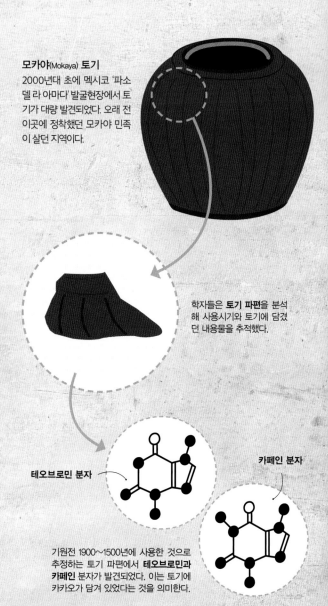

모카야(Mokaya) 토기
2000년대 초에 멕시코 '파소 델 라 아마다' 발굴현장에서 토기가 대량 발견되었다. 오래 전 이곳에 정착했던 모카야 민족이 살던 지역이다.

학자들은 **토기 파편**을 분석해 사용시기와 토기에 담겼던 내용물을 추적했다.

테오브로민 분자

카페인 분자

기원전 1900~1500년에 사용한 것으로 추정하는 토기 파편에서 **테오브로민과 카페인** 분자가 발견되었다. 이는 토기에 카카오가 담겨 있었다는 것을 의미한다.

차코 협곡

중앙 아메리카

카리브해 지역

카카오 이름의 유래

오늘날 사용하고 있는 '카카오'란 명칭은 카카오나무, 카카오꼬투리, 카카오콩을 가리킨다. 고대 마야왕국에서 카카오를 '카카우(kakaw)'라고 불렀던 것에서 그 유래를 찾을 수 있다. 1753년, 유명한 스웨덴 식물학자인 칼 폰 린네(Carl von Linné)가 카카오나무의 학명을 '테오브로마 카카오 (Theobroma Cacao)'라고 붙였는데, 이는 '신들의 음식'이라는 뜻이다. 오늘날 초콜릿 업계에서는 '카카오'와 영어식 명칭인 '코코아'를 혼용하고 있다. 이 책에서 '카카오'는 발효 이전 단계의 카카오나무, 카카오꼬투리, 카카오콩을 가리키며, '코코아'는 그 이후 단계를 가리킨다.

엘 마나티

리오 아술

파소 델 라 아마다

메소아메리카는 현재의 멕시코 중앙지역과 북부 코스타리카를 가리킨다. 전문가들은 기원전 1900년부터 이곳에서 코코아를 소비한 것으로 보고 있다.

마라카이보

안데스 산맥 **남아메리카**

카카오 이동경로

대부분의 전문가들은 카카오나무가 아마존분지에서 처음 자라기 시작했고, 중앙아메리카산 카카오는 안데스 고산지대와 베네수엘라 마라카이보에서 넘어온 것으로 보고 있다. 고대인들이 물물교환을 하면서 카카오가 점차 북쪽으로 이동한 것이다.

파소 델 라 아마다에 정착한 모카야 민족은 기원전 1900년부터 코코아를 소비했다. 엘 마나티에 정착한 올멕 민족은 그로부터 200여 년이 흐른 뒤에서야 코코아를 마시기 시작했다. 5세기경 리오 아술에 살던 마야 민족은 코코아콩으로 향을 더한 음식을 먹었다. 1100년경 코코아는 북쪽으로 멀리 이동해서 현재의 뉴멕시코가 위치한 차코 협곡까지 유입되었다. 아즈텍 민족(1345~1521년)은 코코아 음료 애호가였으며, 현지 스페인이 그 관행을 이어가고 있다.

카카오나무는 아마존분지의 열대우림에서 처음 자라기 시작했다

초콜릿 음료

초콜릿은 수천 년간 음료로 소비되었지만, 오늘날 우리가 마시는 달콤한
핫초콜릿과는 완전히 다르다. 코코아콩을 갈아 물과 옥수수 가루를 섞은
뒤 바닐라, 칠리, 꽃 등의 향미료를 첨가한 음료였다.

잇꽃나무 씨
마야 민족은 잇꽃나무 씨로 만든 반죽으로 코
코아를 붉게 물들였다. 제물이 흘린 피를 연상
시켜 코코아가 가진 상징적 의미를 강화하기
위해서였다.

카카오의 신성화

코코아를 마셨던 중앙아메리카 문명 중 가장 많이 알려진 민족은
1345~1521년에 권력을 잡은 아즈텍 민족이다. 모카야, 올멕, 마야
와 마찬가지로 아즈텍 민족도 코코아를 신이 내린 신성한 음식이라
믿었고, 종교의식이나 중요한 행사에서만 코코아를 마셨다. 이후
다른 문명에서는 코코아콩을 화폐로 사용하기도 했으며, 식민지역
은 매년 공물로 코코아콩을 바쳐야 했다.

3

2

맷돌을 이용한 그라인딩
로스팅한 코코아콩을 맷돌에 갈아 되직한 페이
스트 형태로 만든다. 맷돌은 단단하고 거친 돌판
과 손에 쥐고 사용하는 돌멩이로 구성된다. 돌판
에 코코아를 올리고 돌멩이로 가는 방식이다. 그
라인딩 단계가 기계화되기 전에 주로 사용하던
코코아 그라인딩 도구다.

1

장작불을 이용한 로스팅
카카오꼬투리에서 꺼낸 카카오콩을 장작불에 로
스팅해서 천연의 향미를 끌어낸다. '사암'으로 알
려진 평평한 토기 그릇에 카카오콩을 놓고 기름
없이 로스팅한다.

카카오 수확
카카오꼬투리는 현지에서 자란 나무에서 바로 수
확한다. 아즈텍 왕국의 수도인 테노치티틀란(현재
의 멕시코시티)은 수많은 코코아 상인들이 다양한
등급의 코코아콩을 거래하던 활동무대였다.

카카오 과육으로 만든 음료

초기에 마시던 코코아 음료는 카카오꼬투리 속의 카카오콩을 둘러싼 달달한 과육 즙으로 만든 것으로 추정된다. 온두라스 지역의 유물을 보면, 코코아콩 음료와는 전혀 다르게 되직하지도, 향미료를 첨가하지도 않았던 것으로 보인다. 대신 카카오를 마시기 전에 과육을 발효시켜 술로 빚었을 것이다. 현재까지도 중앙아메리카에는 카카오 과육을 술로 빚는 지역이 있다.

고대왕국은 코코아콩을 화폐로 사용했다

4

물과 향미료 첨가

코코아에 옥수수가루와 뜨거운 물을 섞는다. 코코아를 되직하게 만들 다른 재료를 넣거나 뜨거운 물 대신 차가운 물을 넣어도 된다. 아즈텍 민족이 코코아를 '쇼코아틀(xocoatl)' 또는 '쓴 물'이라고 불렀던 것이 '초콜릿'이라는 명칭의 시초가 된 것으로 보인다. 코코아 음료에 바닐라, 칠리, 향신료, 꽃으로 향미를 더하고, 꿀이나 식물의 수액을 첨가해 단맛을 내기도 했다.

5

용기에 코코아 붓기

최상급 코코아 음료는 맨 위에 두꺼운 거품층이 형성된다. 토기 용기에 코코아를 부었다가 다른 용기에 옮겨 붓고 원래의 용기에 다시 붓는 과정을 여러 번 반복하면 거품이 형성된다. 보통 화려하게 장식한 용기에 코코아 음료를 담았는데, 이는 의식에서 코코아가 가진 의미를 강조하기 위해서다.

6

코코아 마시기

아즈텍 문명에서는 코코아를 마시는 것을 보고 그 사람의 지위를 알 수 있었다. 주로 종교의식이나 중대한 행사에서 강력한 지도층이나 전사들 또는 상인들이 코코아를 마셨다.

전 세계로 확산된 카카오

카카오가 메소아메리카에서 다른 지역으로 확산된 배경에는 유럽이 있다. 유럽인들은 자신들이 정복한 메소아메리카 지역의 카카오를 전 세계의 다른 식민지역으로 퍼뜨렸다.

16세기에 스페인이 최초로 카리브해 지역과 중앙아메리카에 카카오를 퍼뜨렸다. 프랑스도 곧이어 스페인의 뒤를 따랐다. 17세기 들어 스페인은 중앙아메리카의 다른 식민지역에도 카카오를 퍼뜨렸고, 아프리카 노예를 동원해 이를 수확했다.

얼마 후 유럽인들은 전 세계의 다른 식민지역에서 카카오를 재배하기 시작했다. 영국은 실론 섬(현재의 스리랑카)과 인도에, 독일은 인도네시아에 카카오를 들여왔으며, 스페인은 남아프리카까지 카카오 재배사업

을 확장시켰다. 19세기 초에는 포르투갈이 아프리카에 카카오를 퍼뜨렸다. 상투메프린시페를 시작으로 부근의 페르난도포 섬(현재의 비오코 섬)을 거쳐 아프리카 본토의 골드코스트(현재의 가나)까지 카카오 재배가 확산되었다.

카카오가 식민지역으로 확산된 덕분에 오늘날 재배조건만 맞는다면 전 세계 어느 곳이든 카카오가 자라는 것을 볼 수 있게 되었다(26~27쪽 참조).

카카오 이동경로

이 지도는 유럽이 남아메리카에서만 재배되던 카카오를 1500~1800년대 들어 어떠한 경로를 거쳐 전 세계로 퍼뜨렸는지 보여주고 있다.

1550년대

스페인과 포르투갈이 다른 식민지에 카카오를 퍼뜨리면서 초콜릿 수요가 증가했다.

- 스페인에서 트리니다드 토바고, 온두라스, 쿠바, 베네수엘라, 콜롬비아로 이동
- 포르투갈에서 브라질로 이동

1600년대

카카오산업의 발전 가능성을 감지한 프랑스는 카리브해 지역의 프랑스 식민지에 카카오를 퍼뜨렸다. 스페인은 아시아에 카카오를 퍼뜨렸다.

- 프랑스에서 도미니카공화국, 그레나다로 이동
- 스페인에서 필리핀, 인도네시아, 페루로 이동

쿠바

도미니카 공화국

세인트루시아

마르티니크

그레나다

트리니다드 토바고

온두라스

콜롬비아

베네수엘라

페루

브라질

년대
■ 1500년대　□ 1600년대　■ 1700년대　□ 1800년대

1700년대

초콜릿의 맛을 알게 된 영국과 독일은 아시아에 카카오 재배를 확장했다.

- 영국에서 인도, 스리랑카로 이동
- 프랑스에서 마르티니크 섬과 세인트루시아 섬으로 이동
- 네덜란드에서 인도네시아, 말레이시아로 이동

1800년대

포르투갈이 아프리카에 카카오를 들여왔으며, 다른 유럽 국가들도 포르투갈의 뒤를 따랐다.

- 포르투갈에서 상투메프린시페, 비오코 섬으로 이동
- 프랑스에서 코트디부아르, 마다가스카르, 베트남으로 이동
- 네덜란드에서 가나로 이동
- 독일에서 카메룬으로 이동

네덜란드
영국
독일
프랑스
스페인
포르투갈
트디부아르
가나
카메룬
상투메프린시페, 비오코 섬
마다가스카르
인도
스리랑카
베트남
필리핀
말레이시아
인도네시아

카카오는 400년간 대륙을 넘나들며 이동했다

초콜릿의 변화

16세기에 스페인 탐험가들이 처음으로 유럽에 초콜릿을 들여왔다. 초콜릿은 순식간에 왕족과 귀족의 마음을 사로잡았다. 처음에는 향료를 첨가한 쌉쌀한 음료로 소비되다가 300년이 지나서야 오늘날 우리가 즐기는 판초콜릿과 당과제품의 형태를 갖게 되었다.

유럽의 초콜릿

1590년경 아즈텍 제국을 정복하고 돌아온 스페인 군대의 손에 코코아콩이 들려 있었다. 처음에는 향료를 첨가한 쌉쌀한 초콜릿 음료로 소비되다가 17세기 무렵부터 사탕수수를 첨가한 달달하고 따뜻한 음료로 변신하면서 스페인 전 국민의 사랑을 받게 되었다.

본래 초콜릿은 왕족과 귀족의 전유물이었다. 시간이 지나면서 점차 많은 대중들도 초콜릿을 즐길 수 있게 되었고, 그 인기는 유럽 전역에까지 확산되었다. 영국의 경우, 1657년에 한 신문에서 '초콜릿이라 불리는 서인도 음료'를 권장한 것이 영국 최초의 초콜릿에 대한 기록이다. 프랑스에서는 1659년에 프랑스 제1호 쇼콜라티에인 다비드 샤이유(David Chaillou)가 초콜릿으로 만든 비스킷과 케이크를 선보였다. 런던에 있던 초콜릿 하우스들은 18세기에 들어서면서 상류사회의 모임장소로 자리 잡았

다. 상류층들은 이곳에서 게임을 즐기고, 정치 토론을 벌이고, 중요한 일을 도모했다.

최초의 판초콜릿

1800년대에 들어서면서 더욱 많은 대중이 초콜릿을 즐길 수 있게 되었다. 하지만 여전히 음료 형태로 소비되었고, 특별한 행사에서만 마실 수 있었다. 1828년에 네덜란드 화학자인 카스파러스 반 후텐 시니어(Casparus van Houten Senior)는 적은 비용으로 코코아콩과 지방을 분리시키는 압착기계를 발명해 특허를 취득했다. 이 수압식 압착기계는 코코아콩의 버터 함유량을 줄여 '케이크'를 만드는데, 이 케이크를 분쇄하면 코코아파우더가 된다.

1847년에 영국에서 최초로 'J.S. 프라이 앤드 선즈'가 몰드에 넣어 굳힌 판초콜릿을 선보였다. 코코아파우더, 설탕, 코코아버터를 넣어 만든 최초의 판초콜릿은 오늘날의 초콜릿과 비교해 식감이 거칠고 쌉쌀함에도 불구하고

1550~1600년

1590년경 스페인 정복자 에르난 코르테스(Hernán Cortés)가 초콜릿을 스페인에 들여왔다. 초콜릿 음료의 인기는 스페인 전역으로 확산되었으며, 초기에는 왕족과 귀족만이 마실 수 있었다.

1600~1650년

1606년, 이탈리아 상인인 프란체스코 카를레티(Francesco Carletti)는 서인도제도와 스페인을 여행하던 중 영감을 받아 이탈리아에 초콜릿 음료를 들여왔다. 초콜릿은 이탈리아와 스페인을 통해 독일, 오스트리아, 스위스, 프랑스, 벨기에, 네덜란드까지 퍼졌다.

1650~1700년

영국의 초콜릿에 대한 최초 기록은 1657년으로 거슬러 올라간다. 1689년경에는 메리 2세를 위해 햄프턴 코트 궁전에 '초콜릿 주방'이 처음으로 만들어지기도 했다. 이 시기까지만 해도 유럽에서는 부유층만이 초콜릿을 즐길 수 있었다.

발매 즉시 큰 성공을 거두었다.

기술적 발전

밀크초콜릿이 발매되기 시작한 것은 판초콜릿이 나온 지 약 30년 후인 1875년에 이르러서다. 스위스 출신의 초콜릿 제조업자 다니엘 피터(Daniel Peter)는 스위스 제당사 앙리 네슬레(Henri Nestlé)와 함께 우유에서 수분을 제거하는 탈수법을 발명했다. 이것이 바로 밀크초콜릿을 만드는 비결이 되었다. 우유에 수분이 남으면 초콜릿에 엉겨 붙기 때문에 작업이 불가능해진다. 그야말로 초콜릿의 천적인 셈이다. 그동안 아주 미세한 수분의 흔적만으로도 곰팡이가 생겨 밀크초콜릿을 만들려던 모든 시도가 물거품이 되기 일쑤였다.

'콘칭' 기법은 초콜릿 제조기술을 한 단계 더 발전시켰다. 스위스 출신의 로돌프 린트(Rodolphe Lindt)가 1879년에 개발한 기술로 초콜릿을 오랜 시간동안 저어주어 향미를 극대화하는 과정이다. 린트는 또한 최초로 초콜릿에 코코아버터를 추가함으로써 스위스 초콜릿의 대표적 특징인 부드러운 질감을 살리는 데 기여했다.

트뤼플과 프랄린

1900년대 초에 초콜릿과 크림이 섞인 가나슈를 처음 만든 사람이 프랑스 셰프 오귀스트 에스코피에(Auguste Escoffier)의 견습생이라는 일화가 있다. 실수로 초콜릿 그릇에 뜨거운 크림을 쏟았는데, 두 재료가 섞이니 트뤼플을 작게 만들기 수월했더라는 것이다.

유명한 일화이긴 하지만, 가나슈는 19세기 말에 처음 만들어졌을 확률이 크다. 그 기원이 무엇이든 간에 가나슈 덕에 쇼콜라티에 들은 초콜릿에 다양한 맛을 더할 수 있게 되었고, 덩달아 트뤼플의 인기도 프랑스와 벨기에를 넘어 전 유럽으로 확산되었다.

1909년 초콜릿 공장
공장 직원들이 수작업으로 판초콜릿을 포장하고 있다. 초콜릿 산업은 20세기 초에 유럽과 미국 전역에서 호황을 이루었다.

1700~1800년

존 하논(John Hannon) 영국 주총독이 미국에 초콜릿을 들여왔다. 런던에서는 '초콜릿 하우스'가 상류층의 모임 장소가 되었다. 이탈리아 주요 도시에서 초콜릿 가게가 성황을 이루었다.

1800~1850년

유럽에서 대중들도 초콜릿을 즐길 수 있게 되었다. 1828년에 네덜란드 화학자인 카스파러스 반 후텐 시니어가 코코아닙스를 '더치 코코아'로 알려진 분말 형태로 만드는 수압식 제조법을 발명해 특허를 취득했다.

1850~1900년

1847년에 'J.S. 프라이 앤드 선즈'가 영국에서 최초로 몰드에 굳힌 다크 판초콜릿을 생산했다. 1875년에는 스위스 초콜릿 제조업자인 다니엘 피터가 처음으로 밀크초콜릿을 만드는 데 성공했다. 1879년 스위스에서는 로돌프 린트가 '콘칭' 기술을 개발했다.

초콜릿 이해하기

초콜릿은 어떻게 만들어질까? 코코아는 카카오나무의 꼬투리 안에 들어 있는 카카오콩으로 만들어진다. 어떻게 농장에서 수확해 가공 처리한 카카오콩이 초콜릿 공장을 거쳐 초콜릿으로 탄생하는지 살펴보자.

카카오나무에서
초콜릿이 되기까지

초콜릿은 흔히 카카오나무라고 알려진 테오브로마 카카오의 열매로 만들어진다. 카카오는 여러 변형 단계를 거쳐 초콜릿 형태로 완성된다. 습한 적도지역의 한 농장에서 출발해 먹음직스럽게 포장된 판초콜릿으로 탄생하기까지 많은 과정을 거치는 것이다.

1단계

적도대에 위치한 카카오 농장의 농부와 인부의 손을 거쳐 1단계가 완성된다.

1

수확
카카오가 익었다고 판단되면 농부들은 '마체테(machete)'라 부르는 큰 칼로 꼬투리를 딴다. 수확한 꼬투리를 갈라 카카오콩과 과육을 분리한다.

카카오콩은 수분이 많은 과육으로 둘러싸여 있다. **각 꼬투리**마다 카카오콩 25~50개가 들어 있다.

2

발효
카카오콩을 5~7일간 상자에 넣고 발효시킨다. 공기가 잘 통하도록 며칠마다 카카오콩을 뒤집어주며 골고루 발효시킨다.

화학적 변화가 일어나면 발아가 멈추고 카카오콩의 맛이 변한다.

3

코코아콩을 골고루 건조시키기 위해 **발로 휘젓고 다니는 방식**을 이용하는 농부도 있다.

건조
코코아콩을 넓게 펼쳐놓고 일주일가량 태양광에 건조시킨다. 반복해서 뒤집어주어 골고루 건조시킨다.

4

운반
코코아콩을 통기성 좋은 마대자루에 담아 포장한 뒤 창고나 초콜릿 공장으로 직송한다.

2단계

가공 처리된 코코아콩은 전 세계의 초콜릿 공장으로 보내져 초콜릿으로 만들어진다.

5

협잡물 제거
코코아콩에 섞여 있는 잔 줄기나 나뭇가지를 제거하고, 깨지거나 곰팡이가 핀 코코아콩도 제거한다.

6

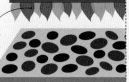

코코아콩을 로스팅하는 데 **재래식 오븐을** 사용하기도 한다.

로스팅
코코아콩을 로스팅해 향미를 발현시킨다. 이 단계에서 세균이 죽고 껍질은 벗기기 쉬운 상태가 된다.

7

코코아닙스에서 **얇은 껍질**이 떨어져 나오기 시작한다.

으깨기
코코아콩을 식힌 다음 으깨어 코코아닙스(nibs)로 만든다.

8

윈노윙(WINNOWING)
바람을 이용해 가벼운 껍질은 날려버리고 코코아닙스만 남긴다.

9

그라인딩과 미분쇄
코코아닙스를 갈아 걸쭉한 반죽 형태로 만든다. 이것이 바로 '코코아 원액'이다.

마찰로 인해 코코아닙스 안에 있던 코코아버터가 녹아나온다.

10

첨가물 추가
코코아 원액에 설탕과 코코아버터를 넣는다. 유고형분이나 분말 향미료를 넣기도 한다.

11

보통 그라인딩과 콘칭 과정에 **전문 그라인더**를 사용한다.

콘칭(CONCHING)
녹아 있는 초콜릿을 공기를 혼입시키면서 젓는다. 이 작업은 수일이 걸리기도 한다.

12

숙성
커다란 용기에 초콜릿을 붓고 식힌다. 더 깊은 향미를 살리기 위해 단단히 굳은 초콜릿을 몇 주간 숙성시키기도 한다.

13

템퍼링(TEMPERING)
정확한 온도에서 초콜릿을 녹이고 식히고 다시 녹이는 작업을 거쳐 완벽한 결정구조를 만든다.

14

몰딩(MOULDING)과 포장
완성 단계에 다다른 초콜릿을 몰드에 부어 판초콜릿이나 쉘초콜릿으로 만든다.

테오브로마 카카오

카카오나무, 일명 테오브로마 카카오는 본래 아메리카 대륙 태생이다. 그러나 오늘날 모든 대륙에서 카카오나무가 자라는 것을 볼 수 있다. 카카오는 덥고 습한 적도대에서 생장하는데, 완숙한 열매를 맺고 번식하기 위해서는 특정한 환경이 갖춰져야 한다.

전 세계에서 재배되는 작물

카카오나무는 중앙아메리카와 아마존분지에서 처음 발견되었다. 16세기에 전 세계적으로 초콜릿 수요가 증가하면서 유럽인들이 각국의 식민지에 카카오를 퍼뜨리기 시작했다.

　오늘날 전 세계에서 카카오나무를 볼 수 있다. 적도를 기준으로 남·북위 20도 이내의 열대지역은 카카오가 자라기 이상적인 환경이다. 카카오는 열대우림지역 부근에서 생장하며, 자신보다 키가 큰 나무숲 아래의 그늘에서 자란다.

　적도대의 경계를 넘어갈수록 지속가능한 카카오 재배가 어려워지며, 적도대를 벗어나면 재배가 거의 불가능하다.

대서양

유럽

북아메리카

태평양

카리브해 지역은 다소 불안정한 기후조건에도 불구하고 많은 국가가 카카오를 재배·수확·가공하고 있다.

코트디부아르와 **가나**가 전 세계 코코아 생산량의 대부분을 차지한다.

아프리카

적도대
카카오는 적도에서 남·북위 20도 이내의 지역에서 자란다. 전 세계적으로 적도대에 위치한 지역에서 카카오 재배가 성공적으로 이루어지고 있다.

남아메리카

적도는 남아메리카, 아프리카, 아시아 등 세 대륙을 관통한다.

아마존 열대림에서는 여전히 카카오 **고대 품종**이 야생하고 있다.

남극해

■ 적도대

간생화

테오브로마 카카오의 가장 두드러진 특징 중 하나는 꽃과 열매가 나무줄기와 원가지에 바로 붙어서 난다는 점이다. 식물학 용어로 '간생화'라고 하는데, 파파야, 잭프루트, 무화과과가 여기에 속한다.

　카카오는 일 년 내내 꽃을 피우고 열매를 맺는다. 보통 일 년에 두 번 수확하는데, 본 수확과 중간 수확으로 나뉜다. 수확 시기는 재배지역의 기후조건에 따라 달라지는데, 일 년 내내 완숙한 열매가 열리는 지역도 있다.

카카오꼬투리
쿠바 동부의 바라코아에서 자라는 카카오나무다. 카카오꼬투리는 나무줄기에 바로 붙어서 자란다.

카카오나무 꽃
하와이에서 자라는 이 카카오나무는 이제 막 꽃이 피기 시작했다. 꽃송이의 크기가 손가락 끝보다 작다.

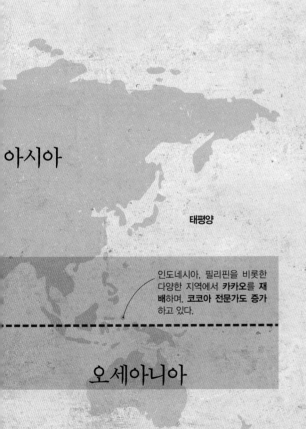

아시아

태평양

인도네시아, 필리핀을 비롯한 다양한 지역에서 **카카오를 재배**하며, 코코아 전문가도 증가하고 있다.

오세아니아

전 세계에서 카카오나무가 자라는 것을 볼 수 있다

카카오의 사촌, 쿠파수

카카오와 가장 가까운 품종으로는 '쿠파수(cupaçu)'라고 알려진 '테오브로마 그란디플로럼(Theobroma grandiflorum)'이 있다. 쿠파수 역시 카카오처럼 아마존분지 도처에서 발견된다. 쿠파수의 과육은 배 맛이 나며, 즙을 내어 먹거나 디저트에 사용한다. 쿠파수의 씨는 밀가루 반죽처럼 갈아 초콜릿과 비슷한 당과제품인 '쿠플릿(cupulate)'으로 만든다.

카카오 품종

카카오는 유전적으로 다양해서 분류하기가 쉽지 않다. 전통적으로는 크리올료(Criollo), 포라스테로(Forastero), 트리니타리오(Trinitario)로 분류된다. 카카오는 세계 전역에서, 재배되거나 이종교배되어 수천 가지의 교배종으로 재탄생하고 있다.

다양한 품종

테오브로마 카카오는 유전적으로 다양해 이종교배를 통해 새로운 품종으로 만들기 수월하다. 그래서 농장 한 곳에서 여러 품종이 재배되기도 한다. 품종에 따라 병해에 대한 저항성도 다르며, 수확량이 적거나 많을 수도 있고, 맛도 다르다. 좋은 품질의 카카오를 얻기 위해 수년에 걸쳐 이종교배를 시도하고 있다.

카카오는 다양한 품종에 비해 지나치게 단순한 분류법 때문에 정작 농부들도 자신의 농장에 어떤 품종이 자라는지 정확히 알기 어렵다. 고급 초콜릿에 어울리는 특정한 품종들이 있지만 초콜릿을 만드는 데 품종보다는 토질, 기후조건, 농부와 제조업자의 기량이 더 중요하다. 최상급 품종으로도 형편없는 초콜릿이 만들어질 수 있고, 그리 유명하지 않은 품종이라도 맛있는 초콜릿이 탄생할 수 있는 것이다.

추아오(CHUAO)
추아오는 베네수엘라 추아오 마을의 이름을 딴 매우 유명한 최상급 카카오콩이다. 유전적으로 분류되는 어떠한 특정 카카오 품종에 속하지 않는다. 추아오콩의 대표적 특징은 짙은 과일 향이다.

포르셀라나(PORCELANA)
크리올료 아종으로 가장 수요가 많은 품종이다. 은은한 과일 향과 독특한 외관으로 유명하다. 꼬투리가 옅은 황백색의 도자기 같아 붙여진 이름이다.

포르셀라나 품종의 **꼬투리**는 옅은 색의 매끈하고 둥근 형태다.

크리올료 품종의 **꼬투리**는 작고 길쭉하며, 표면은 사마귀가 난 것 같다.

크리올료

크리올료(CRIOLLO)
부드러운 과일 향과 꽃 향이 나는 최상급 카카오콩을 생산하는 품종이다. 크리올료는 '현지의', '토착의'라는 의미의 스페인어에서 따온 명칭이다.

농장 한곳에서
여러 품종의 카카오를
재배하기도 한다

아리바 나시오날(ARRIBA NACIONAL)
에콰도르 토착 품종으로 귀중한 포라스
테로 재래종이다. 미묘한 꽃 향으로 유
명하다.

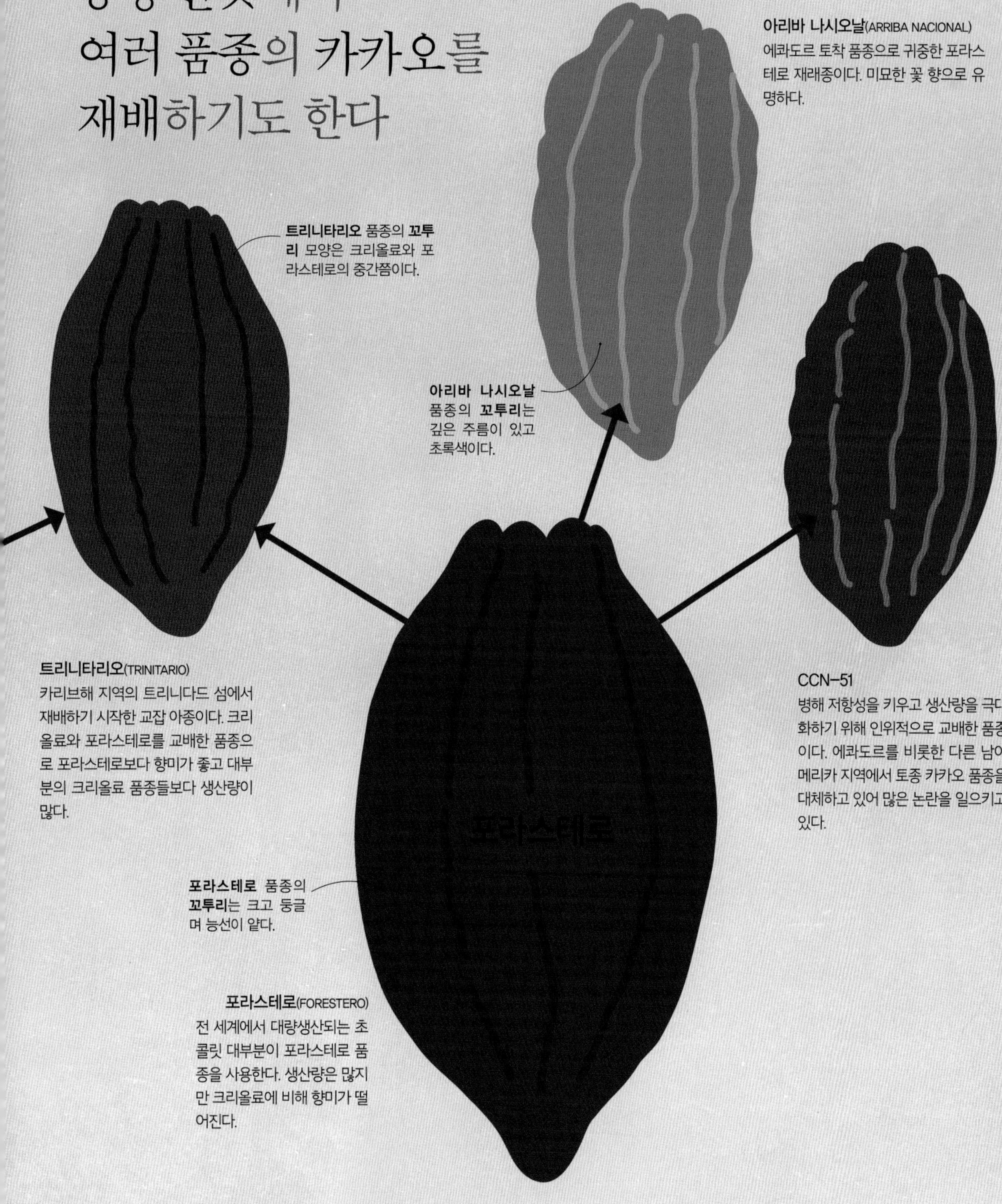

트리니타리오 품종의 **꼬투**
리 모양은 크리올료와 포
라스테로의 중간쯤이다.

아리바 나시오날
품종의 **꼬투리**는
깊은 주름이 있고
초록색이다.

트리니타리오(TRINITARIO)
카리브해 지역의 트리니다드 섬에서
재배하기 시작한 교잡 아종이다. 크리
올료와 포라스테로를 교배한 품종으
로 포라스테로보다 향미가 좋고 대부
분의 크리올료 품종들보다 생산량이
많다.

CCN-51
병해 저항성을 키우고 생산량을 극대
화하기 위해 인위적으로 교배한 품종
이다. 에콰도르를 비롯한 다른 남아
메리카 지역에서 토종 카카오 품종을
대체하고 있어 많은 논란을 일으키고
있다.

포라스테로 품종의
꼬투리는 크고 둥글
며 능선이 얕다.

포라스테로

포라스테로(FORESTERO)
전 세계에서 대량생산되는 초
콜릿 대부분이 포라스테로 품
종을 사용한다. 생산량은 많지
만 크리올료에 비해 향미가 떨
어진다.

카카오 재배

카카오나무는 비옥한 토양과 열대기후에서 번식한다. 카카오를
재배하고, 수확하고, 가공 처리하는 일은 노동집약적이기 때문
에 자동화하기가 어렵다. 카카오나무는 정성을 들여 키워야 하
며, 3~5년이 지나서야 비로소 꽃을 피우고 열매를 맺는다.

테오브로마 카카오

카카오나무의 속명은 '테오브로마(Theobroma)'다. 테오브로
마 카카오는 알맞은 조건이 갖춰져야 꽃을 피우고 열매를
맺는 민감한 종이다. 카카오나무는 덥고 습한 기후에서 번
식한다. 높은 습도, 약산성의 토질, 정기적인 강우량 등 비
교적 일 년 내내 안정적인 기후가 지속되어야 최상품의 열
매가 자랄 수 있다.

카카오는 빛에 예민하므로 그늘을 선호한다. 그래서 카
카오나무보다 키가 큰 산림목이나 주로 바나나무 같은
과실나무 아래 군데군데 그늘 진 장소에서 잘 자란다. 열
대림 경계지역이나 울퉁불퉁한 산악지대에서 카카오나무
가 자라는 것을 볼 수 있다.

카카오나무를 재배하고 수확하는 일은 노동집약적이
기 때문에 이 작업을 자동화하기는 어렵다. 그래서 가족
이 경영하는 소규모 농가에서 재배하는 것이 가장 바람직
하다.

꽃봉오리

꽃

카카오꼬투리

완벽한 재배조건

카카오꽃과 열매는 강한 바람, 햇
빛, 서리에 민감하기 때문에 재배
환경에 따라 카카오 품질이 달라진
다. 지역에 따라 구체적인 조건은
다르지만, 카카오 재배에 필요한
공통된 조건은 다음과 같다.

- 평균기온은 21℃와 30℃ 사이여야 한다.
- 그늘이 있어야 한다. 카카오나무는 주로 자신보다 큰 과실
  나무 아래에서 자란다.
- 평균 강수량은 1,500~2,000mm여야 한다.
- 토양은 약산성(ph5.5~7)이면서 영양분이 풍부해야 한다.
- 습도가 높아야 한다. 낮에는 100%, 밤에는 80%를 유지해
  야 한다.

씨앗에서 열매가 되기까지

그림에서 알 수 있듯이 농부들은 카카오를 키우기 위해 씨앗(카카오콩)을 심는 작업부터 시작한다. 품질의 일관성을
유지하고 건강한 작물을 번식시키기 위해 건강한 근경에 묘목을 접목시키는 경우도 있다.

1 씨앗(카카오콩)을 세척해 과육을 제거한다. 과육은 발아를 멈추게 한다.

2 모목장에 25cm 간격으로 **씨앗을 심는다.** 이때 배아가 있는 부분이 아래로 향하게 한다.

3 **발아가 시작**되면 뿌리가 아래 방향으로 자라면서 씨앗을 흙 위로 밀어낸다.

4 그 덕분에 **묘목**은 햇빛을 직사광으로 받지 않는다. 매일 물을 준다.

5 6개월 뒤에 묘목에서 **떡잎**이 자란다. 이 중 가장 건강한 묘목을 선별해 옮겨 심는다.

6 바나나나무와 같이 카카오나무보다 키가 **큰 나무의 그늘 아래**에 묘목을 옮겨 심는다.

7 3~5년 뒤에 나무줄기와 원가지에서 꽃이 핀다.

8 **각다귀**를 통해 **수분**이 이루어지고, 약 5개월에 걸쳐 카카오꼬투리가 자란다.

9 일반적으로 **일 년에 두 번 수확**한다. 카카오나무는 약 25년간 열매를 맺는다.

수확

카카오 수확은 힘든 육체노동을 동반한다. 손이 닿지 않는 곳에 꼬투리가 열리면, 연약한 카카오나무가 다치지 않도록 주의해서 꼬투리를 수확해야 한다. 기술과 경험을 통해서만 '꼬투리가 익는 시기, 수확 방법, 꼬투리가 상하지 않게 가르는 법'을 알 수 있으며, 이 모든 과정을 최대한 신속하게 작업할 수 있다.

수확시기

농부들은 보통 우기에 맞춰 일 년에 두 번 수확한다. 우기와 건기가 뚜렷하지 않은 지역에서는 일 년 내내 수확하기도 한다.

연중으로 수확하는 지역의 경우, 정해진 수확시기가 없어서 농부의 책임이 그만큼 무거워진다. 수확시기가 정해져 있는 지역은 한 번에 대량으로 작업할 수 있다. 그러나 수확시기가 정해져 있지 않으면 코코아콩을 소량씩 숙성시키는 작업을 일 년 내내 해야 하기 때문에 일이 더욱 어려워진다. 이는 농부와 초콜릿 제조사 모두에게 또 하나의 문제가 되고 있다.

농부들은 신속하면서도 신중하게 작업해야만 풍작을 거둘 수 있다

수확 과정

카카오꼬투리가 완숙한 지 몇 주가 지나면 속에 있는 카카오콩이 발아하기 시작한다. 그러므로 카카오꼬투리가 익는 즉시 수확하는 것이 상당히 중요하다. 또한, 모든 꼬투리가 같은 시기에 다 익는 것은 아니므로 이 시기에는 꼬투리가 익었는지 꾸준히 확인한 뒤 수확해야 하고, 이 작업이 지속적으로 이루어져야 한다.

1 완숙도 확인

숙련된 농부들은 자신이 재배하는 나무를 속속들이 파악하고 있기 때문에 색깔의 변화만 보고도 꼬투리가 익었는지 분간할 수 있다. 아니면, 표면에 작은 흠집을 내어 꼬투리 속의 색을 확인해야 한다. 가장 간단한 방법은 열매를 가볍게 두드려보는 것이다(아래 참조).

가볍게 두드려보기
열매가 익으면 속에 단단히 고정되어 있던 카카오콩이 헐거워진다. 이때 열매를 가볍게 두드리거나 흔들어보면 울리는 소리가 들린다.

2 꼬투리 따기

꼬투리가 익으면 수확할 시기가 된 것이다. 농부들은 꼬투리를 딸 때 카카오나무가 다치지 않도록 주의해야 한다. 꼬투리를 딴 자리에 꽃이 자라 또 다른 꼬투리가 맺히기 때문에 나무줄기나 가지를 너무 바싹 자르면 안 된다.

날이 달린 장대로 꼬투리 따기
손이 닿지 않는 곳에 열린 꼬투리는 장대 끝에 긴 날을 달아 수확한다. 낮은 곳에 열린 꼬투리는 마체테나 전지가위를 이용한다.

3 꼬투리 가르기

일부 지역에서는 수확시 사용했던 마체테로 꼬투리를 가른다. 한 손에 꼬투리를 잡고 다른 손으로 마체테를 빠르게 휘둘러 꼬투리를 가른다. 하지만 이 방법은 꼬투리 속에 있는 소중한 카카오콩이 상할 수도 있기 때문에 위험하다. 따라서 많은 농부들이 꼬투리를 겉 표면이 단단한 것에 올린 다음 뭉툭한 몽둥이로 내리치는 비교적 안전한 방식을 따른다(왼쪽 참조). 꼬투리를 가르는 특수 기계가 있는 농장도 있지만, 이는 매우 드물다. 기계 값이 비싼 데다 작업능률이 크게 오르지 않기 때문이다.

뭉툭한 몽둥이로 꼬투리 가르기
잘 익은 카카오꼬투리를 가르는 데 뭉툭한 나무도구를 이용하기도 한다. 한쪽 모서리가 각진 크리켓 배트처럼 생긴 도구다.

카카오꼬투리 내부

형형색색의 다양한 모습을 한 카카오꼬투리는 카카오나무의 열매다. 카카오꼬투리 하나에 25~50개의 카카오콩이 들어 있으며, 카카오콩은 하얗고 두툼한 과육으로 뒤덮여 있다. 카카오꼬투리를 가공 처리하는 과정에서 농부들은 카카오껍질 속에 있는 부드러운 내용물을 꺼낸다. 시간이 지나면서 카카오껍질은 본래의 밝은 색에서 어두운 갈색으로 변한다.

다양한 형상의 카카오꼬투리

카카오꼬투리의 모양, 크기, 색깔은 가지각색이다. 일반적으로 길이는 20~30㎝이며, 둘레는 10~15㎝에 이른다. 단단한 껍질의 안쪽을 살펴보면, 중앙의 태좌를 중심으로 카카오콩이 열매 길이만큼 길게 줄지어 있다.

여러 품종, 아종에 따라 꼬투리의 외관도 각양각색으로 달라진다. 작고 둥근 형태부터 길쭉하고 울퉁불퉁한 형태까지 다양한 형상의 꼬투리들이 카카오의 유전적 다양성을 보여준다.

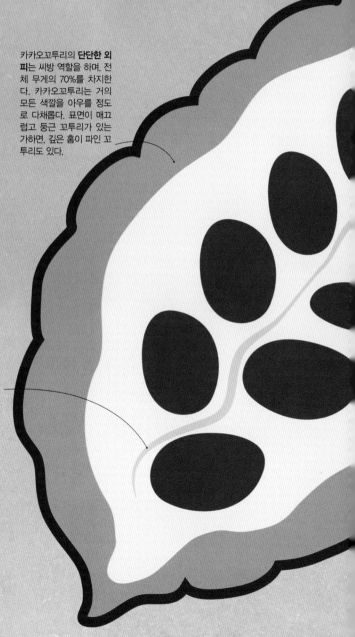

카카오꼬투리의 **단단한 외피**는 씨방 역할을 하며, 전체 무게의 70%를 차지한다. 카카오꼬투리는 거의 모든 색깔을 아우를 정도로 다채롭다. 표면이 매끄럽고 둥근 꼬투리가 있는가 하면, 깊은 홈이 파인 꼬투리도 있다.

카카오꼬투리의 중심에 실처럼 생긴 태좌는 카카오콩을 한 곳에 고정시키는 역할을 한다. 태좌와 과육은 발효과정에서 액화된다.

카카오꼬투리

카카오나무의 열매는 식물학 용어로 '포드(꼬투리)'가 아니라 '체리'다. 하지만 코코아 업계에서는 꼬투리라는 명칭을 널리 사용하고 있다. 카카오꼬투리는 '폐과'다. 한마디로 씨를 퍼트리기 위해 과피가 저절로 벌어지지 않는 과일인 것이다. 그래서 카카오콩을 꺼내려면 농부들이 직접 열매를 갈라야 한다.

카카오콩

카카오꼬투리 안에 있는 씨앗이 바로 '카카오콩'이다. 카카오 꼬투리가 익으면 농부들은 재빨리 카카오콩과 과육을 꼬투리 안에서 꺼내어 발효시켜야 한다. 그렇지 않은 카카오콩은 부패해버린다. 상태가 좋은 카카오콩을 꼬투리에서 꺼내보면 매우 단단하며 밝은 색의 싱싱한 과육으로 뒤덮여 있다.

카카오콩의 외피(겉껍질)는 얇고 단단하며, 중금속, 먼지, 미생물의 흔적이 남아 있다. 카카오콩을 가공 처리하고 로스팅한 후, 윈노윙이라는 작업을 통해 껍질을 제거한다.

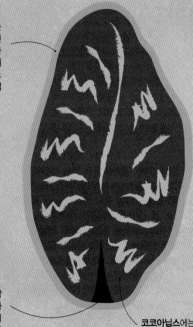

배아는 씨앗 속에 있는 싹이다. 발효과정에서 배아가 죽으면 코코아의 향미를 강화시키는 효소가 발산된다.

코코아닙스에는 모든 영양소가 함유되어 있다. 코코아콩 속의 코코아버터 중 55%가 코코아닙스에 함유되어 있다.

카카오콩(씨앗)은 카카오꼬투리의 씨방 내부에 있는 배주다. 카카오콩은 달달한 과육으로 뒤덮여 있다. 코코아 업계에서는 발효과정을 거친 씨앗을 코코아콩이라고 부른다.

과육(점액)은 카카오콩을 둘러싸고 있다. 발효과정을 통해 달콤쌉싸름한 맛의 과육에 이스트가 생겨 당분이 알코올로 변한다.

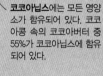

로스팅과 윈노윙 단계를 거치면 코코아콩의 껍질이 제거되고 코코아닙스만 남는다. 코코아닙스는 초콜릿과 코코아버터를 만드는 주재료다.

발효와 건조

카카오의 향미를 발현하는 첫 단계인 발효와 건조는 초콜릿을 만드는 가장 본질적인 단계다. 바닥에 수북이 쌓인 카카오콩을 가지런히 발한상자에 정돈하기까지 농부들은 여러 방식을 이용해 카카오콩을 코코아로 탈바꿈시킨다.

가공 처리

카카오콩은 수확한 즉시 발효시켜야 한다. 수확한 농장에서 바로 발효시키는 경우도 있지만, 협력업체가 운영하는 발효 장소로 카카오콩을 보내는 것이 일반적이다.

전통적인 발효방식은 카카오콩을 바닥에 쌓아놓고 바나나 잎을 덮어 열이 빠져나가지 못하게 하는 것이다. 오늘날에는 대부분이 나무판자로 만든 '발한상자'를 이용한다.

과학 이야기

카카오콩을 둘러싼 과육에는 당분이 들어 있다. 포도당, 과당, 자당 등의 당분은 발효과정에서 알코올로 변한다. 알코올은 아세트산으로 변해 카카오콩 내부로 분비된다.

이러한 발효과정에서 발열성 화학반응도 일어나는데 매우 많은 열이 발생한다. 발효가 시작되고 수일이 지나면 50℃까지 오르기도 한다. 과육이 발효되면서 발생한 열, 알코올, 아세트산으로 인해 카카오콩 속에 있던 배아(35쪽 참조)가 죽고, 효소가 만들어져 코코아콩 내부로 분비된다. 이 효소는 초콜릿의 맛을 살리는 데 매우 중요한 역할을 한다. 자연스럽게 생겨난 미생물이 발효과정을 촉진시켜 과육의 당분을 유기산으로 바꾸고, 이 과정에서 코코아콩의 향미가 발현되는 것이다.

1

카카오콩 운송

수확한 카카오콩을 과육이 붙어 있는 상태에서 발효공장으로 운송한다. 다른 농장의 카카오콩과 섞이는 경우도 있다.

4

카카오콩 뒤집어주기

2~3일이 지나면 농부들은 카카오콩을 손수 뒤집어주어 공기를 투입시키고 발효가 골고루 이루어지게 한다.

농부들은 혐기성 발효를 촉진시키기 위해 카카오콩을 휘젓는다. 이 과정에서 알코올이 아세트산으로 변한다.

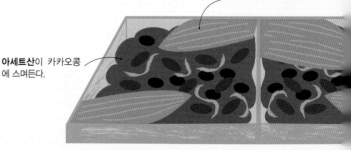

아세트산이 카카오콩에 스며든다.

발효기술은
초콜릿의 향미에
실질적인 영향을 미친다

2

발한상자에 옮겨 담기

발효를 위해 특수 제작한 '발한상자'에 카카오콩을 담고 바나나 잎으로 덮는다. 발한상자는 각 널빤지마다 틈이 벌어져 있어 이 틈 사이로 발효된 과육이 흘러나간다.

널빤지 바닥 사이로 쓸모없는 과육이 흘러나갈 수 있도록 **발한상자**를 땅에서 떨어뜨려 놓는다.

3

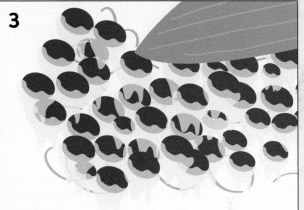

혐기성 발효

발효가 시작되고 이틀이 지나면, 과육 속의 당분이 알코올로 변하면서 열이 발생하고 과육이 액화된다.

5

건조

약 5~7일이 지나면, 농부들은 코코아콩을 햇볕이 있는 곳으로 이동시킨다. 비를 피할 수 있는 장치가 장착된 접이식 목조 지붕이나 비바람을 막는 온실 구조의 장비가 있는 농장도 있지만, 대개는 땅바닥에 놓고 건조시킨다.

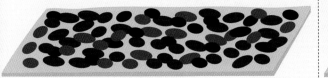

6

뒤집어주기

하루에도 몇 번씩 코코아콩을 뒤집어준다. 고랑을 만들 듯 발로 휘젓고 다니는 방법을 주로 사용하며, '라봇(rabot)'이라 불리는 기다란 나무 도구를 이용하기도 한다. 일주일 이상 건조시키면 코코아콩을 초콜릿 공장으로 보낼 준비가 끝난다.

코코아콩 분류작업

초콜릿 공장에서는 코코아콩이 물리적 오염이나 충해를 입지는 않았는지, 곰팡이가 핀 흔적은 없는지 반드시 확인해야 한다. 초콜릿의 맛에 영향을 미칠 수 있기 때문이다. 구멍이 있거나, 깨지거나, 납작하게 눌렸거나, 색깔이 확연히 다른 코코아콩도 골라내야 한다. 공장의 규모나 성격에 따라 다양한 분류방식을 채택한다.

안전제일

발효와 건조단계를 거친 코코아콩은 대개 마대자루에 담겨 운송된다. 보통 야외에서 코코아콩을 건조하기 때문에 잔가지, 돌멩이, 커피콩, 심지어는 곤충 같은 오염물질이 마대자루에 섞여 들어갔을 확률이 크다. 코코아콩의 싹이나 껍질 또는 건조된 과육도 섞일 수 있다(35쪽 참조). 심지어는 금속장비 파편이나 유리조각이 발견되는 경우도 있다.

그래서 초콜릿 제조사는 여러 분류방식을 이용한다. 이러한 여러 물리적인 분류작업 덕분에 우리는 좋은 품질의 초콜릿을 안심하고 먹을 수 있는 것이다.

결함 있는 코코아콩
수제초콜릿 제조자들은 초콜릿 품질을 높이기 위해 결함 있는 코코아콩은 버린다. 표면이 부서진 것은 부분적으로 발아했거나 나방 유충이 있는 것이다.

육안검사

초콜릿을 소량 생산하는 공장들은 코코아콩을 육안으로 검사하고 협잡물을 수작업으로 골라낸다. 대량으로 작업하는 공장의 경우, 육안검사만으로는 선별이 불가능하다.

체별 방식

공장들은 체별 방식을 통해 돌멩이, 먼지, 부서진 코코아콩 파편 등 작은 조각을 걸러낸다. 코코아콩을 철망에 놓고 흔들면, 코코아콩보다 작은 입자들이 철망 사이로 떨어지는 방식이다.

자력분리 방식

대규모 공장에서 흔히 쓰는 방식이다. 컨베이어 벨트 위에 올린 코코아콩들이 강력한 자석 밑을 지나면 금속 파편이 걸러진다.

초콜릿 공장은 분류작업을 통해 최상급 코코아콩만 남긴다

일괄 방식

대규모 초콜릿 공장에서는 육안검사, 체별, 자력분리를 자동으로 일괄 처리하는 기계를 쓴다. 이 기계를 이용해 배치(batch)별로 코코아콩의 등급을 나눌 수 있다. 코코아콩들을 일정한 양으로 나눠 품질을 평가한 후 최종등급을 부여하는 것이다.

살균처리

초콜릿 공장에서는 분류작업을 마치면 고압 스팀을 분사해 코코아콩을 살균처리한다. 순식간에 분사하기 때문에 코코아콩이 익지는 않지만 미생물을 죽이기에는 충분하다. 이후 로스팅 단계에도 살균기능이 있어서 미생물이 모두 죽기 때문에 안심하고 초콜릿을 먹을 수 있다.

마대자루
초콜릿 공장에 운송되는 코코아콩은 일반적으로 통기성 좋은 마대자루(약 65kg)에 담겨 있다.

로스팅

초콜릿 제조자들은 코코아 향미를 극대화하고 안전한 먹을거리를 만들기 위해 로스팅 과정을 거친다. 이때 코코아 전용 로스팅 기계를 사용하며, 산업용 로스팅 오븐이나 커피 로스팅 기계도 쓴다. 제조자들은 온도와 시간을 정확하게 조절해 최적의 맛을 이끌어낸다.

코코아 향미의 발현

코코아 향미에 실질적인 영향을 미치는 로스팅 작업은 초콜릿 제조과정의 핵심이다. 수제초콜릿 제조자들은 긴 시간을 할애해 적절한 시간과 온도를 조합한 로스팅 프로파일을 완성한다. 모두 코코아콩에서 최상의 맛을 이끌어내기 위한 노력이다.

제조자들은 발효와 건조가 끝난 상태에서 코코아콩을 받게 된다. 발효과정에서 짙게 갈변한 코코아콩은 제조자들의 손에 넘겨질 시점에서는 이미 짙은 어두운 색을 띠고 있다. 로스팅 과정을 거치면 더욱 색과 질감이 고르게 된다.

코코아 로스팅만을 전문으로 특수 제작된 기계는 많지 않다. 따라서 영세업자들은 원래 있던 장비만으로 각자의 상황에 맞춰 작업을 해야 한다.

로스팅한 코코아콩
로스팅 작업은 향미를 살리고 박테리아를 죽이는 역할 이외에도 코코아닙스와 껍질을 분리시키는 역할도 한다.

코코아콩은 온도변화에 민감하기 때문에 초콜릿 제조자들은 항시 주의 깊게 살펴봐야 한다

과학 이야기

코코아콩은 '마이야르 반응'으로 코코아 고유의 맛과 향을 갖게 된다. 마이야르 반응은 프랑스 물리학자이자 화학자인 루이 카미유 마이야르(Louis Camille Maillard)의 이름을 딴 것으로 건조 상태의 코코아콩의 온도가 약 140℃에 이르면 마이야르 반응이 시작된다. 코코아콩에 스며든 당분과 아미노산이 반응하는 온도다. 마이야르 반응의 또 다른 예로 고기와 빵을 구우면 향미가 더욱 살아나는 것을 들 수 있다.

왜 로스팅을 할까?

미생물이 죽는다

코코아콩은 보통 120~140℃에서 15~30분간 로스팅한다. 이 과정에서 껍질에 남아 있던 박테리아 등의 미생물들이 죽기 때문에 사실상 코코아콩을 살균처리하는 기능도 있는 것이다.

껍질이 쉽게 벗겨진다

코코아콩에는 얇은 껍질이 있는데 초콜릿으로 만들기 전에 이 껍질을 벗겨내야 한다(42~43쪽 참조). 코코아콩을 로스팅하면 건조된 껍질이 일어나 벗겨지기 쉬운 상태가 된다.

향미를 발현시킨다

로스팅 작업은 코코아 천연의 향을 살리는 데 도움이 된다. 초콜릿 제조자들은 여러 온도에서 시범적으로 로스팅을 해보며 일관된 코코아의 맛을 확보하려고 노력한다.

어떻게 로스팅을 할까?

커피 로스팅 기계

코코아콩의 로스팅 온도는 커피콩보다 낮긴 하지만, 중견기업들은 커피 로스팅 기계를 개조해 사용하기도 한다. 로스팅이 끝나면 코코아콩을 냉각 선반에 올린다.

상업용 재래식 오븐

많은 초콜릿 제조자들이 상업용 오븐으로 코코아콩을 로스팅한다. 베이킹 오븐을 사용할 때도 있다. 코코아콩이 골고루 로스팅될 수 있도록 오븐 내부의 회전통을 개조하기도 한다.

파쇄와 윈노윙

로스팅한 코코아콩을 갈아서 초콜릿으로 만들기 전, 파쇄와 윈노윙 단계를 거친다. 코코아콩을 으깬 뒤 먹을 수 없는 얇은 껍질과 코코아닙스를 분리하는 작업이다. 다양한 파쇄 방식과 윈노윙 방식이 있지만, 대부분의 초콜릿 제조자들은 아래 그림처럼 두 단계를 통합시킨 기계를 사용한다.

파쇄

코코아콩을 로스팅하면 껍질이 건조되어 헐거워진다. 따라서 간단한 작업만으로도 껍질과 코코아닙스를 쉽게 분리시킬 수 있다. 대부분 코코아콩을 파쇄해 이 둘을 분리한다. 먼저 로스팅한 코코아콩을 금속 롤러가 작동하는 기계에 넣는다. 그러면 중력으로 인해 코코아콩이 롤러 사이의 좁은 틈으로 흘러 들어가면서 껍질과 코코아닙스 조각들로 분해된다.

윈노윙

한데 섞여 있는 코코아닙스와 껍질 조각들은 윈노윙 작업을 통해 분리시킨다. 윈노윙 기계는 바람을 이용해 필요 없는 껍질을 흡입하거나 날려버리고(보통 흡입하는 경우가 더 많다), 파쇄된 코코아콩 조각은 기계 밑으로 떨어진다. 가벼운 껍질은 진공 펌프로 기계 한 쪽으로 빨려 들어가고, 비교적 무거운 코코아닙스는 또 다른 공간으로 떨어진다. 코코아닙스는 초콜릿을 만드는 다음 단계로 넘겨지고, 껍질은 퇴비나 뿌리덮개(mulch)로 사용된다.

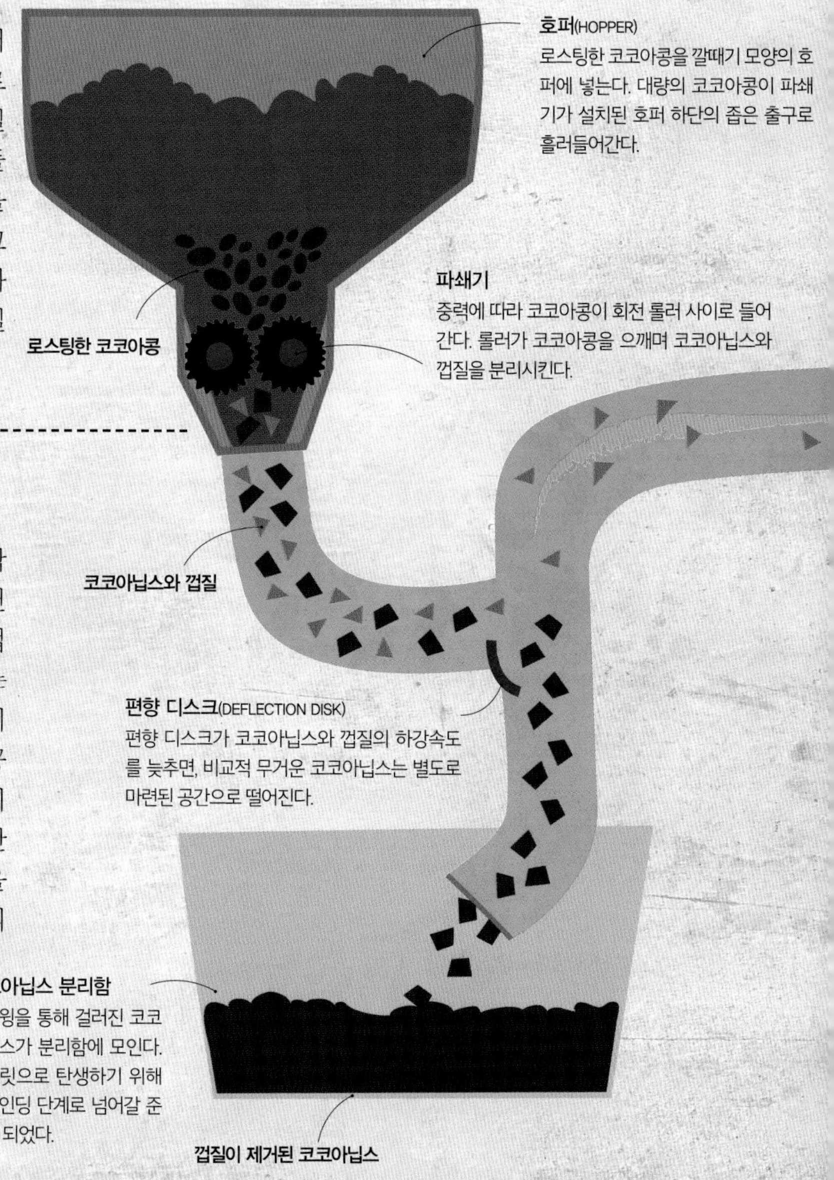

호퍼(HOPPER)
로스팅한 코코아콩을 깔때기 모양의 호퍼에 넣는다. 대량의 코코아콩이 파쇄기가 설치된 호퍼 하단의 좁은 출구로 흘러들어간다.

로스팅한 코코아콩

파쇄기
중력에 따라 코코아콩이 회전 롤러 사이로 들어간다. 롤러가 코코아콩을 으깨며 코코아닙스와 껍질을 분리시킨다.

코코아닙스와 껍질

편향 디스크(DEFLECTION DISK)
편향 디스크가 코코아닙스와 껍질의 하강속도를 늦추면, 비교적 무거운 코코아닙스는 별도로 마련된 공간으로 떨어진다.

코코아닙스 분리함
윈노윙을 통해 걸러진 코코아닙스가 분리함에 모인다. 초콜릿으로 탄생하기 위해 그라인딩 단계로 넘어갈 준비가 되었다.

껍질이 제거된 코코아닙스

껍질이 제거된 코코아닙스에는 발효와 로스팅 과정을 거친 코코아 향미가 온전히 담겨 있다

껍질이 제거된 코코아닙스
코코아콩은 파쇄와 윈노윙 과정을 거쳐 코코아
닙스만 남는다.

공기흐름

진공펌프
진공펌프는 무거운 코코아닙스는 남
기고 가벼운 껍질만 빨아들이는 윈노
윙 작업을 담당한다.

코코아콩 껍질

잔여물 분리함
코코아콩 껍질이 밀폐된 분리함에 모여 처분된
다. 초콜릿 제조자들은 코코아콩 껍질을 정원용
뿌리덮개로 판매하기도 한다.

코코아콩 껍질

그라인딩과 미분쇄

로스팅한 코코아닙스를 초콜릿으로 만들려면 그라인딩 작업을 통해 액상 형태의 코코아매스로 만들어야 한다. 이것이 바로 '코코아 원액'이다. 초콜릿 제조업자들은 여기에 설탕, 코코아버터, 분말우유(밀크초콜릿 제작용)를 넣고, 분말 또는 고형 향미료를 섞는다. 이렇게 만든 혼합물은 미분쇄 과정을 거쳐 우리에게 익숙한 부드러운 질감의 초콜릿으로 탄생한다.

제대로 된 초콜릿 질감 만들기

코코아닙스를 코코아매스로 만들려면 코코아닙스 입자의 지름이 0.03*mm*(30미크론) 이하가 될 때까지 곱게 갈아야 한다. 입안에서 코코아 입자가 거의 느껴지지 않을 정도의 크기다. 초콜릿의 부드럽고 매끄러운 식감은 이렇게 만들어진다. 초콜릿 제조자들은 여러 기계를 이용해 그라인딩과 미분쇄 작업을 진행한다(반대편 참조).

첨가물 추가

소규모 초콜릿 제조자들은 보통 미분쇄 단계에 설탕을 첨가한다. 밀크초콜릿을 만들 때는 분말우유를 넣는다. 대규모 초콜릿 제조자들은 우선 연유, 코코아매스, 설탕을 혼합해 '밀크 크럼(milk crumb)'을 만든 뒤 이를 분쇄해 분말로 만든다. 그런 다음 분말에 열을 가하고 코코아버터를 섞어 액상 초콜릿을 만든다.

코코아닙스
코코아닙스는 본래 씁쓸하고 신맛이 난다. 그래서 초콜릿 제조자들은 설탕이나 다른 재료를 섞어 맛의 균형을 찾는다.

액상 초콜릿
단단하고 딱딱한 코코아닙스는 수 시간의 그라인딩과 미분쇄 과정을 거쳐 부드러운 액상 초콜릿으로 변한다.

예비 그라인딩

그라인딩 기계의 규모가 작으면 커다란 코코아닙스 조각을 분쇄하기가 어렵다. 따라서 초콜릿 제조자들은 코코아닙스 조각을 미리 분쇄해 그라인딩 기계가 수월하게 작동하도록 한다. 보통 피넛 버터를 만드는 데 사용하는 '넛 그라인더(nut grinder)'를 사용하는데, 코코아닙스를 성기게 분쇄해 되직한 반죽으로 만든다.

코코아닙스는 그라인딩과 미분쇄 과정을 거쳐 부드러운 액상 초콜릿으로 변한다

멜랑제(MELANGER)

멜랑제는 백여 년 전부터 초콜릿 제조자들이 즐겨 사용해온 구조가 간결한 초콜릿 그라인딩·미분쇄 기계다. 소규모 초콜릿 제조자들은 콘칭 작업을 할 때도 이 기계를 사용한다 (46~47쪽 참조). 화강암 밑판 위에 설치된 화강암 바퀴들이 계속 회전하면, 카카오매스도 함께 회전하면서 점차 부드럽게 변한다.

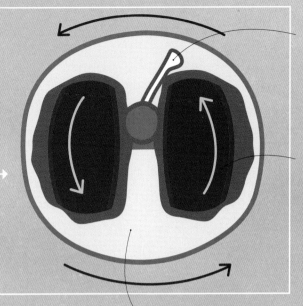

스크래퍼는 바퀴에서 밀려난 코코아매스를 다시 바퀴 쪽으로 보내는 역할을 한다. 다시 바퀴 쪽으로 보내진 코코아매스는 또 다시 바퀴에 갈려 점차 미분쇄된다.

화강암 바퀴들은 서로 반대 방향으로 회전한다. 바퀴들은 밑판과 함께 움직이며 코코아매스 입자 크기를 더욱 작게 만들어 액상 초콜릿의 질감을 부드럽게 만든다.

외부의 원통은 내부의 바퀴들을 중심으로 회전하며 코코아매스가 원활하게 이동하도록 돕는다.

화강암 밑판은 외부의 원통과 함께 회전한다. 바퀴와 마찰을 일으켜 코코아닙스를 녹인다. 코코아닙스가 녹으면 코코아매스로 변한다.

롤러 미분쇄기(ROLL REFINER)

대규모 초콜릿 제조업자들은 멜랑제보다 비싸지만 효율성이 높은 롤러 미분쇄기를 사용한다. 롤러 미분쇄기에 코코아매스를 투입하면, 연속으로 배치된 금속 롤러 사이로 코코아매스가 밀려들어간다. 한 롤러에서 다음 롤러로 넘어가면서 코코아매스가 점차 미분쇄된다.

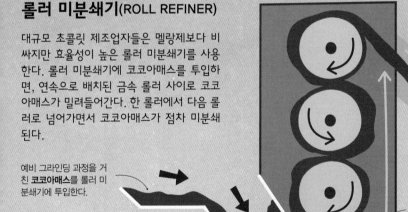

예비 그라인딩 과정을 거친 **코코아매스**를 롤러 미분쇄기에 투입한다.

커다란 롤러가 회전하며 코코아매스를 기계 안으로 밀어 넣는다.

미분쇄한 초콜릿이 원하는 질감으로 변하면, 사이펀을 통해 별도의 용기로 옮겨진다.

미분쇄한 초콜릿이 모이면 그대로 사용하거나, 더욱 깊은 향미를 발현시키기 위해 '콘칭' 단계로 넘어간다(46~47쪽 참조).

코코아매스가 롤러에 얇은 막처럼 들러붙어 한 롤러에서 다음 롤러로 이동하면서 점차 질감이 부드럽게 변한다.

콘칭

초콜릿 제조자들은 초콜릿을 미분쇄해 원했던 최적의 질감이 나오면, 더욱 깊은 향미를 살리기 위해 초콜릿을 젓고 열을 가하는 작업으로 넘어간다. 초콜릿 제조자의 선호도와 코코아콩의 품질에 따라 수 시간에서 여러 날이 걸리기도 하는 이 과정을 '콘칭'이라고 한다. 멜랑제를 이용해 초콜릿을 콘칭하기도 하지만, 대규모 초콜릿 제조자들은 콘칭 전문 기계를 사용한다.

콘칭의 기원

초콜릿 콘칭 기계는 1879년에 스위스 초콜릿 제조자인 로돌프 린트(Rodolphe Lindt)가 발명했다. '콘칭'이라는 이름이 붙은 이유는 기계 부위 중 초콜릿을 담는 용기가 소라고둥(conch)을 닮았기 때문이다. 린트의 기계는 롤러로 초콜릿을 앞뒤로 움직이고 아래에서는 열을 가하는 간단한 구조다. 현대의 콘칭 기계는 원리는 같지만 초콜릿을 휘젓는 바퀴(또는 패들)가 추가되었다. 완성된 초콜릿에 더욱 깊은 향미를 주기 위한 장치다.

현재 소규모 초콜릿 제조자가 콘칭 기계를 별도로 마련하기는 쉽지 않다. 따라서 그라인딩, 미분쇄, 콘칭 작업을 모두 멜랑제 하나로 해결해야 한다(44~45쪽 참조). 중간 규모의 초콜릿 제조자들은 콘칭 기계를 직접 제작하기도 한다. 자신에게 꼭 맞는 규격의 초콜릿 기계를 파는 제조사를 찾기 힘들기 때문이다. 대규모 초콜릿 제조자들은 산업용 콘칭 기계를 사용한다(아래 참조). 산업용 콘칭 기계는 수 톤의 초콜릿을 한 번에 섞고, 열을 가하고, 모니터할 수 있다.

콘칭한 초콜릿
콘칭 단계를 거친 초콜릿은 부드럽고 깊은 향미가 살아나고, 시고 떫은맛이 약해진다. 이후 시간을 두고 숙성시키거나, 템퍼링을 거쳐 바로 사용한다.

린트의 콘칭 기계

로돌프 린트의 콘칭 기계와 오늘날 대규모 초콜릿 제조자가 사용하는 콘칭 기계는 서로 비슷하다. 액상 초콜릿을 움푹한 거대 용기에 부으면, 금속 롤러가 밀방망이처럼 앞뒤로 움직이며 초콜릿을 휘젓는다. 하단에는 열을 가한 화강암 판이 액상 초콜릿을 따뜻하게 유지시켜 골고루 콘칭되도록 돕는다.

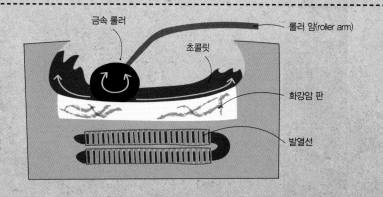

금속 롤러
초콜릿
롤러 암(roller arm)
화강암 판
발열선

과학 이야기

초콜릿 제조자들은 콘칭 과정이 초콜릿을 만드는 데 좋은 영향을 미친다는 것은 알지만, 정확히 어떠한 화학적 반응이 일어나는지는 완전히 밝혀지지 않았다. 다만, 마찰과 열의 발생으로 코코아 입자가 변하는 과정에서 초콜릿의 향미가 더욱 깊게 발현된다고 알려져 있다.

입자의 운동과 열로 인해 쓰고 떫은맛을 내는 성분이 감소한다.

초콜릿의 천적인 수분의 흔적이 콘칭 과정에서 사라진다.

코코아버터가 코코아 입자를 골고루 뒤덮으면서 초콜릿의 질감이 더욱 부드러워진다.

초콜릿을 더욱 작은 입자로 미분쇄하는 콘칭 기계도 있다.

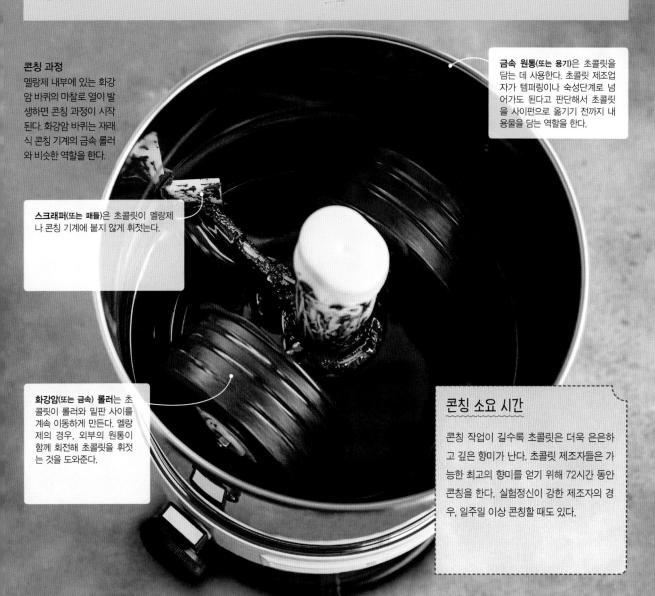

콘칭 과정
멜랑제 내부에 있는 화강암 바퀴의 마찰로 열이 발생하면 콘칭 과정이 시작된다. 화강암 바퀴는 재래식 콘칭 기계의 금속 롤러와 비슷한 역할을 한다.

금속 원통(또는 용기)은 초콜릿을 담는 데 사용한다. 초콜릿 제조업자가 템퍼링이나 숙성단계로 넘어가도 된다고 판단해서 초콜릿을 사이펀으로 옮기기 전까지 내용물을 담는 역할을 한다.

스크래퍼(또는 패들)은 초콜릿이 멜랑제나 콘칭 기계에 붙지 않게 휘젓는다.

화강암(또는 금속) 롤러는 초콜릿이 롤러와 밑판 사이를 계속 이동하게 만든다. 멜랑제의 경우, 외부의 원통이 함께 회전해 초콜릿을 휘젓는 것을 도와준다.

콘칭 소요 시간

콘칭 작업이 길수록 초콜릿은 더욱 은은하고 깊은 향미가 난다. 초콜릿 제조자들은 가능한 최고의 향미를 얻기 위해 72시간 동안 콘칭을 한다. 실험정신이 강한 제조자의 경우, 일주일 이상 콘칭할 때도 있다.

템퍼링

템퍼링은 초콜릿의 매끈한 표면을 만들고 부러뜨렸을 때 '탁' 하는 독특한 소리가 나게 해준다. 또한 초콜릿의 외관과 질감을 개선시키는 중요한 단계다. 템퍼링은 오랜 시간이 걸리는 수작업이기 때문에 초콜릿 제조자들은 정확한 온도로 초콜릿을 녹이고 식힐 수 있는 템퍼링 기계를 사용한다.

템퍼링의 세 단계

템퍼링은 초콜릿의 결정구조를 바꾸어 완벽한 질감으로 다시 굳히는 물리적 과정이다. 정확한 세 온도에서 초콜릿을 녹이고 식히는 기술이 필요하다. 템퍼링 온도는 다크초콜릿, 밀크초콜릿, 화이트초콜릿에 따라 다르다(151쪽 참조).

템퍼링은 세 단계로 진행된다. 1단계, 기존의 초콜릿 결정구조를 파괴한다. 2단계, 새로운 결정구조를 형성한다. 3단계, 모든 결정구조를 파괴하고 성질이 가장 완벽한 V형 구조만 남긴다(오른쪽 참조).

초콜릿의 매끈한 표면
초콜릿 제조자들은 템퍼링을 거쳐 초콜릿의 매그러운 표면을 살리고 적정 온도에서만 녹게 만든다.

과학 이야기

코코아버터는 다형성이라서 여러 결정형태로 존재할 수 있다. 코코아버터의 여섯 가지 결정형태 중 템퍼링은 I~IV형 구조를 파괴하고 V형 구조만 남긴다. VI형 구조는 템퍼링 과정에서는 형성되지 않는다. V형 구조가 매우 오랜 시간 동안 잔존하면 VI형 구조로 진화한다.

결정형태	녹는점	초콜릿 특성
VI	36℃	단단함, 매우 느리게 녹음
V	34℃	매끈한 표면, 부러뜨리면 경쾌한 '탁' 소리가 들림, 체온보다 살짝 낮은 온도에서 녹음
IV	27℃	딱딱함, 부러뜨리면 경쾌한 '탁' 소리가 들림, 너무 쉽게 녹음
III	25℃	딱딱함, 부러뜨리면 둔탁한 '탁' 소리가 들림, 너무 쉽게 녹음
II	23℃	물렁함, 쉽게 으스러짐
I	17℃	물렁함, 쉽게 으스러짐

템퍼링 장비

쇼콜라티에는 대리석 슬랩(slab)을 이용해 수작업으로 템퍼링을 한다. 그러나 수작업 템퍼링이 맞지 않는 대량 생산자들은 대부분 템퍼링 기계를 사용한다. 템퍼링 기계는 여러 종류가 있다. 중간 규모의 생산자들은 보통 회전식 템퍼링 기계(오른쪽 참조)를 사용하고, 대규모 생산자들은 이보다 발전된 형태인 연속식 템퍼링 기계(아래 참조)를 사용한다.

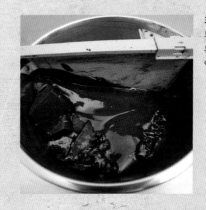

회전식 템퍼링 기계
부드럽게 회전하는 통 안에서 초콜릿이 녹는다. 발열체로 열을 가하거나 팬으로 열을 식혀 정확한 온도를 맞춘다.

연속식 템퍼링 기계

연속식 템퍼링 기계는 손쉽게 원하는 온도를 정확히 설정할 수 있다. 내부에 설치된 나사 펌프가 초콜릿을 기계 안에서 순환시킨다. 템퍼링이 끝나면 도우징 헤드(dosing head)를 통해 초콜릿을 내보낸다. 초콜릿을 원하는 양만큼씩 나오도록 도우징 헤드를 설정할 수 있다.

1

수조는 연속식 템퍼링 기계의 투입구다. 녹은 초콜릿은 수조를 통해 기계 하단에 있는 나사 펌프로 흘러들어간다.

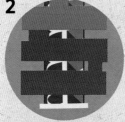

2

발열체는 나사 펌프에 있는 초콜릿을 정확한 온도로 녹인다.

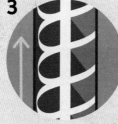

3

나사 펌프를 따라 초콜릿은 각기 다른 온도대를 거쳐 위로 이동한다.

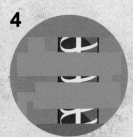

4

냉각체를 채운 냉각 파이프는 원하는 정확한 온도에서 초콜릿을 식힌다.

5

도우징 헤드는 초콜릿을 기계 밖으로 내보낸다. 사용하지 않는 초콜릿은 수조로 들어가 다시 기계 안으로 흘러들어간다.

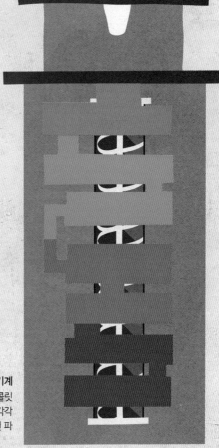

연속식 템퍼링 기계
나사 펌프를 따라 초콜릿이 위로 이동하면서 각각 다른 온도대로 설정된 파이프를 지난다.

몰딩과 포장

템퍼링한 초콜릿은 식어서 굳기 전에 재빨리 몰드에 옮겨야 한다. 초콜릿을 어떠한 형태로 표현할 것인가는 핵심적인 문제다. 몰드 크기와 모양부터 포장 스타일까지, 디자인 하나하나에서 초콜릿에 대한 소비자의 기대는 더욱 커진다.

디자인의 중요성

쇼콜라티에와 초콜릿 제조자들은 자신만의 시그니처 몰드가 있다. 각자만의 고유한 트뤼플, 쉘 초콜릿 또는 판초콜릿 몰드가 있는 것이다. 몰드에 채운 초콜릿이 굳으면 포장을 한다. 포장 디자이너는 초콜릿 제품을 소개하고 홍보하는 데 주요한 역할을 한다. 수제 판초콜릿의 경우, 포장 디자인이 현대적이고 매력적이라는 인식이 있다. 장인이 소량으로 직접 생산한 믿을 만한 제품이라는 점을 디자인에 담아내려는 노력 덕분이다. 한편, 소규모 제조자들에게 포장은 시간이 많이 드는 작업이다. 초콜릿을 일일이 수작업으로 포장해야 하기 때문이다.

신선도 유지

초콜릿 제조자들은 일반적으로 초콜릿을 포장하는 데 알루미늄 포일을 사용한다. 판초콜릿과 쉘 초콜릿을 보호할 수 있기 때문이다. 알루미늄 포일로 감싼 뒤에는 종이나 카드지 재질의 포장지로 다시 한 번 외부를 감싼다. 이때 내용물을 사방에서 보호하고 신선도를 오래 유지해주는 개폐형 상자나 봉지를 주로 사용한다.

알루미늄 포일로 깔끔하게 포장한 판초콜릿은 더욱 매력적으로 보인다. 경험과 기술이 있어야만 손으로도 깔끔하게 포장할 수 있다.

모던한 디자인이 들어간 고급 카드지는 주로 수제 판초콜릿을 포장하는 데 사용한다.

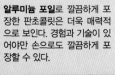

포장한 판초콜릿
포장 디자인은 초콜릿 제품에 대한 인식을 결정하는 데 주요한 역할을 한다. 따라서 초콜릿 제조자들과 쇼콜라티에들은 아름답고 눈에 띄게 포장하는 데 자금을 투자한다.

초콜릿 속의 기포들

초콜릿을 만드는 과정에서 몰드에 기포가 생기면 판초콜릿과 쉘초콜릿의 모양이 망가진다. 따라서 초콜릿 제조자들은 초콜릿이 굳기 전에 기포를 없애기 위해 몰드에 초콜릿을 채운 뒤 진동판이나 전동 컨베이어 벨트에 올려놓는다. 소규모 제조자들은 몰드를 손으로 툭툭 쳐서 기포를 없앤다.

초콜릿 포장기계

대규모 초콜릿 제조자들은 포장기계를 사용한다. 기계를 사용하면 포장 속도가 매우 빨라진다. 가장 많이 사용되는 장비는 연속식 포장 기계다. 길게 이어지는 플라스틱 시트를 이용해 각각의 초콜릿을 연속으로 포장하는 방식이다. 제조자들은 템퍼링한 초콜릿을 원하는 양만큼씩 몰드에 채워주는 컴퓨터 제어식 도우징 기계를 사용하기도 한다.

포장 디자인은 소비자가 구매하는 데 결정적인 역할을 한다

생산 공정 라인
컴퓨터 제어식 도우징 기계가 몰드에 초콜릿을 원하는 양만큼씩 채운다. 초콜릿을 채운 몰드를 가벼운 진동을 주는 전동 컨베이어 벨트에 놓고 기포를 제거한다.

템퍼링 기계
산업용 템퍼링 기계(49쪽 참조)는 시간당 550kg의 초콜릿을 템퍼링할 수 있다. 초콜릿 제조자들은 발로 페달을 밟아 초콜릿 투입량을 조절한다.

산물무역

코코아는 수백 년간 국제상품으로서 원산지나 품질과는 상관없이 고정 가격에 거래되었다. 코코아 무역 거래망에는 수많은 사람이 엮여 있다. 따라서 코코아 판매수익 대부분은 상인, 초콜릿 회사, 정부 세금으로 사라지고, 정작 카카오를 재배한 농민들은 매우 적은 금액만 손에 쥘 수 있다.

초콜릿 대량생산

전 세계 초콜릿 생산의 95%가 대규모 공장에서 대량생산된 제품이다. 몇 안 되는 소수의 대기업들이 초콜릿 무역을 독점하고 있는 것이다. 이들은 소비자에게 직접 초콜릿을 판매하기보다는 초콜릿 제조자(제과회사, 쇼콜라티에, 파티시에)들이 사용할 초콜릿과 커버추어를 제작한다. 바리 칼레보(Barry Callebaut), 카길(Cargill), ADM, 벨코라도(Belcolade) 등 거대 초콜릿 기업들의 이름이 우리에게 생소한 데는 이러한 연유가 있다. 네슬레, 몬델리즈(전 크래프트), 마스 등 그나마 익숙한 이름들도 있다.

초콜릿 업계의 거대기업들은 초콜릿을 대량생산하기 때문에 코코아를 대량으로 확보하는 일에 매진한다. 이들이 사용하는 코코아는 대부분 코트디부아르와 가나에서 생산된다. 두 지역 모두 품질보다는 생산량을 최대화하는 데 중점을 두고 코코아를 재배한다.

초콜릿 산업의 거인

대규모 초콜릿 제조사들 중에는 19세기에 소규모 가족기업으로 시작해서 사업을 확장하고 인수합병을 거듭해 오늘날의 거대기업으로 성장한 경우가 많다. 초콜릿의 대명사격인 벨기에와 같은 유럽 국가에 이러한 사례가 많다. 벨기에는 한때 독립적인 초콜릿 제조자들의 본고장과도 같았던 곳이다. 하지만 이제는 제과회사를 위해 초콜릿을 대량생산하는 거대기업의 식민지로 전락했다.

소수의 대기업이 초콜릿 시장을 장악하고 있다

초콜릿을 대량생산하는 과정은 소규모 제작과정과 비슷하다. 다만 모든 제작단계가 효율성을 최적화하는 데 초점이 맞춰져 있다. 초콜릿을 대량생산하는 공장들은 비용과 인간의 개입을 최소화하기 위해 기계를 도입한다. 거대한 로스팅 기계와 콘칭 기계는 수 톤의 코코아를 한 번에 작업할 수 있으며, 포장기계는 1분마다 수백 개의 초콜릿을 포장한다.

커버추어 생산
많은 쇼콜라티에들이 초콜릿을 대량생산하는 업체에서 구입한 커버추어로 트뤼플과 쉘초콜릿을 만든다.

코코아콩 무역 거래망

전 세계 코코아는 농장에서 출발해 복잡한 무역
경로를 거쳐 초콜릿으로 완성된다. 서부 아프리
카 농장에서 출발한 코코아콩이 대규모 초콜릿
제조사에 도착하기까지 가장 일반적인 경로를
살펴보자.

1 농장에서 **카카오콩**을 재
배, 수확, 발효, 건조한다.

4 **수출업자**가 코코아
콩을 대량으로 구매
한다. 등급을 매겨
포장한 뒤 수출한다.

3 **현지 도매상인**이 소
매상인에게 코코아
콩을 구매한다.

2 **소매상인**이 여러 농
장을 방문한 뒤 마
음에 드는 코코아콩
을 구매한다.

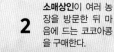

5 **무역상인**들은 코코아콩을
상품처럼 거래한다. 코코
아콩은 벌크 선에 실려 초
콜릿 공장으로 운송된다.
공장에 보관된 코코아콩
은 초콜릿으로 만들어질
준비가 된 상태다.

6 초콜릿 제조사가 **초콜릿과
커버추어**를 대량생산한다.
초콜릿 대량생산 업체는 전
세계적으로 몇 군데 없다.

7 **초콜릿 제조자**는 대량생산
업체가 생산한 커버추어를
구입해 판초콜릿이나 다른
형태의 초콜릿으로 만든다.

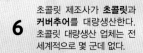

직접무역

최근 몇 년간 수제초콜릿 제조자들을 중심으로 코코아콩의 직접무역이 확산되고 있다. 일반적으로 직접 무역은 제조자가 농장이나 협동조합에서 코코아를 직접 구매하는 형식을 따른다. 이러한 직접적인 관계를 통해 농부는 코코아에 대한 정당한 대가를 받을 수 있게 되고, 제조자는 농부와 긴밀하게 작업함으로써 코코아의 맛과 품질을 보장받는다.

코코아콩 직접무역 거래망

코코아콩의 직접무역 방식은 원산지와 농부의 선호도에 따라 크게 달라진다. 농부가 초콜릿 제조업자와 직접 접촉하기도 하고, 수출 중개인을 통해 판매하기도 한다.

직접무역은 일반적인 코코아콩 무역 거래망(53쪽 참조)보다 유통망이 단순하다. 이는 카카오농장의 수입이 늘어남과 동시에 노동환경과 작업기술을 개선하는 데 투자할 여유가 생긴다는 것을 의미한다.

카카오 농장과 수제초콜릿 제조업자를 잇는 일반적인 직접무역 경로는 아래 그림과 같다.

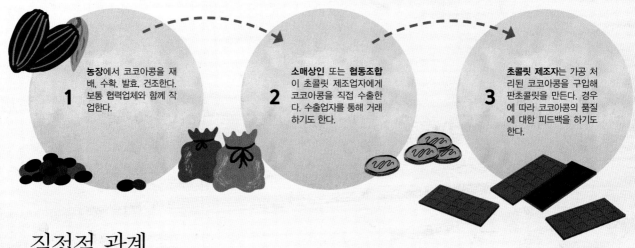

1 농장에서 코코아콩을 재배, 수확, 발효, 건조한다. 보통 협력업체와 함께 작업한다.

2 소매상인 또는 협동조합이 초콜릿 제조업자에게 코코아콩을 직접 수출한다. 수출업자를 통해 거래하기도 한다.

3 초콜릿 제조자는 가공 처리된 코코아콩을 구입해 판초콜릿을 만든다. 경우에 따라 코코아콩의 품질에 대한 피드백을 하기도 한다.

직접적 관계

직접무역 거래망에는 중개인이 없다. 따라서 초콜릿 제조자는 훨씬 더 많은 대금을 지불하고 코코아콩을 구매하게 된다. 최상급 코코아콩을 구매하려고 공정무역 가격보다 다섯 배 이상 높은 가격을 지불하는 경우도 있다(반대편 참조).

초콜릿 제조자가 카카오농장과 직접적인 관계를 맺으면, 코코아콩의 품질에 대해 피드백을 할 수 있다. 발효와 건조과정을 개선시키는 법도 조언해줄 수 있으므로 농장에도 이득이다. 농부들은 카카오콩을 수확한 즉시 가장 최적화된 방식으로 작업할 수 있게 된다.

원산지 이력추적

직접무역의 가장 큰 장점은 원산지 이력을 추적할 수 있다는 점일 것이다. 직접 거래한 코코아콩으로 초콜릿을 만든 경우에는 재배농장을 찾기 쉽지만, 일반적인 무역 거래에서는 알기 힘든 부분이다.

공정무역이란?

오늘날 거래되는 코코아 중 0.5%가량이 공정무역 인증 제품이다. 공정무역재단은 농부의 노동환경과 임금조건 개선을 목표로 재배 작물에 대한 프리미엄을 제시하는 공정무역 파트너다.

공정무역 마크는 어떤 의미일까?

공정무역 마크가 있는 제품은 생산자가 공정무역의 사회적·경제적·환경적 기준을 충족시켰고, 노동 조건이 공정했으며, 최저가격과 프리미엄을 지급하고 구매한 재료를 사용했다는 것을 의미한다.

왜 공정무역이 중요할까?

어떤 국가에서는 코코아 농부의 평균연령이 평균 기대수명보다 높다. 코코아 업계에는 미래에 대한 투자가 절실하며, 가장 필요한 이에게 돈이 돌아갈 수 있는 체계가 필요하다. 세상에서 가장 가난한 국가에 살고 있는 농부들에게 수익이 돌아가야 한다.

코코아 농부는 무엇을 받게 될까?

상인들은 시세보다 10% 높은 가격으로 공정무역 인증 코코아를 구매한다. 생산자는 공정무역 프리미엄을 받게 된다. 현재 공정무역 프리미엄은 코코아 1톤당 150달러에 달한다. 공정무역 인증을 받고자 하는 농부는 수수료를 지불해야 한다.

공정무역의 허점

공정무역재단에 따르면 일정한 양의 공정무역 코코아콩을 구매해 제품을 만들 경우, 동일한 양의 비공정무역 코코아콩을 사용해서 만든 제품에도 공정무역 마크를 달 수 있다. 공정무역 마크가 달린 초콜릿에 비공정무역 코코아콩이 들어가 있을 수도 있다는 의미다.

카카오 생산지

카카오나무는 영양분이 풍부한 토양과 열대기후가 갖춰진 적도대에서 자란다. 카카오 재배 지역을 하나씩 살펴보면서 여기에 얽힌 이야기와 전통, 그리고 이면에 어떤 어려움이 숨어 있는지 알아보자.

코트디부아르(IVORY COAST)

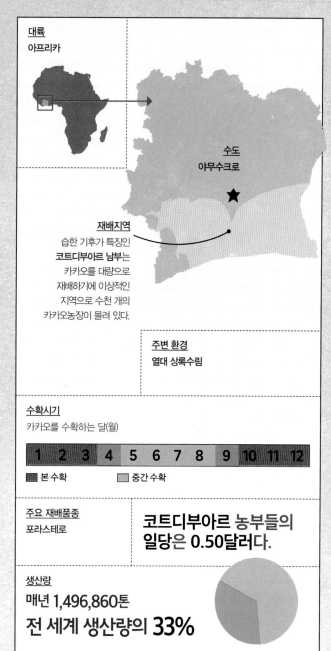

대륙
아프리카

수도
야무수크로

재배지역
습한 기후가 특징인
코트디부아르 남부는
카카오를 대량으로
재배하기에 이상적인
지역으로 수천 개의
카카오농장이 몰려 있다.

주변 환경
열대 상록수림

수확시기
카카오를 수확하는 달(월)

| 1 | 2 | 3 | 4 | 5 | 6 | 7 | 8 | 9 | 10 | 11 | 12 |

■ 본 수확   ■ 중간 수확

주요 재배품종
포라스테로

**코트디부아르 농부들의
일당은 0.50달러다.**

생산량
매년 1,496,860톤
전 세계 생산량의 33%

코트디부아르의 코코아 생산량은 1960년에 프랑스에서 독립한 이후 폭발적으로 증가해 오늘날 세계 최대 코코아콩 수출국으로 부상했다.

1800년대 말, 프랑스 이주민들이 카카오 재배 수익의 극대화를 꾀하면서 카카오는 코트디부아르의 주요 작물이 되었다. 품질이 낮은 대신 많은 생산량을 추구하는 경향은 오늘날까지 지속되어 현재 최저 비용에 최대 생산이라는 구조 속에서 카카오를 재배하고 있다.

대량재배

코트디부아르에서 생산하는 코코아는 대부분 대량생산용 초콜릿에 사용한다. 최근 계속된 건조한 날씨와 기후변화로 인해 카카오 농장들은 속앓이를 하고 있다. 건조한 날씨로 생산비용이 증가하는 반면 카카오 생산량은 감소하기 때문이다. 농부들이 힘겹게 카카오를 재배해 생계를 이어가는 상황에서 제과업계의 상황도 곤란하긴 마찬가지다. 대량생산용 초콜릿에 사용할 코코아콩의 공급량이 부족하기 때문이다.

농장의 어려움

카카오는 주로 가족이 경영하는 소규모 농장에서 재배한다. 농부들은 재배한 카카오콩을 직접 발효시킨 후에 건조시설로 보낸다. 구매자들은 건조된 코코아콩을 구입해 큰 마을이나 도시의 창고로 운반한다. 이렇듯 복잡한 공급망 때문에 농부들의 주머니로 들어오는 돈은 매우 적고, 그만큼 생계가 어려운 실정이다.

ECOOKIM(Entreprise Coopérative Kimbre) 같은 협동조합은 카카오 농장들을 집결시켜 더욱 효율적인 카카오 판매망을 구축한다. 전국적으로 강제노동과 미성년자 노동이 문제가 되고 있는 코트디부아르와 같은 나라에서 이러한 구조는 필수다.

가나 (GHANA)

대륙
아프리카

재배지역
가나의 중부와 남부는
카카오를 대량재배하는
지역이다. 이곳 농장에서는
생산량을 증대시키기 위해
비료와 제초제를 사용하는
것이 일반적이다.

수도
아크라

주변 환경
덥고 습한 우림지역

수확시기
카카오를 수확하는 달(월)

1	2	3	4	5	6	7	8	9	10	11	12

■ 본 수확   ■ 중간 수확

주요 재배품종
포라스테로

가나 인구의 8분의 1이 카카오 재배에 종사한다.

생산량
매년 797,420톤
전 세계 생산량의 **17.5%**

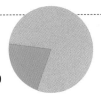

가나는 코트디부아르 다음으로 세계에서 코코아를 가장 많이 생산하는 나라다. 주로 제과용 초콜릿에 사용하는 대량재배용 코코아를 생산한다.

가나가 카카오를 재배하게 된 유래에는 여러 설들이 있다. 네덜란드 선교사가 가나에 카카오를 들여왔다는 설이 있는가 하면, 가나의 농업 전문가인 텟테 콰르시 (Tetteh Quarshie)가 1800년대 말에 적도기니를 갔다 오면서 카카오콩을 함께 들여왔다는 이야기도 있다.

농부들의 삶
현재 가나 10개 주 중 6개 주에서 카카오를 대량재배한다. 바로 서부 주, 중부 주, 브롱아하포 주, 동부 주, 아샨티 주 그리고 볼타 주다. 코코아는 가나의 주요 수출품이었지만, 몇 년 전에 경제·환경 문제로 코코아 산업이 크게 타격을 입으면서 농부들의 상황도 바뀌었다. 코코아 생산량이 감소하고, 농부들의 삶도 전반적으로 힘들어졌다.

모든 코코아는 고정 가격에 거래된다

가나산 카카오의 90%를 소규모 농장에서 재배한다. 이러한 상황에서 코코아 판매가격이 운영비보다 낮아지자 카카오 농장을 유지하기가 어려워졌다. 그럼에도 불구하고 가나 농부의 수입(일당 0.84달러)은 코트디부아르 농부(일당 0.50달러)보다 높다. 가나 코코아 이사회가 코코아 수출을 집중적으로 관리한 것도 이에 한몫했다.

마다가스카르(MADAGASCAR)

마다가스카르의 연간 코코아 생산량은 세계 생산량의 1% 미만이다. 그러나 이 섬나라에서는 과일 향이 풍부한 최상급 카카오가 생산된다. 마다가스카르의 보석 같은 존재다.

1800년대 마다가스카르에 카카오가 처음 유입된 이후 19세기 초의 프랑스 식민지배하에 카카오 재배가 증가했다. 마다가스카르산 코코아콩은 과일 향이 풍부한 것이 특징인 최상품으로 고급 수제초콜릿을 만드는 데 주로 사용한다.

마다가스카르 초콜릿 회사, 로베르와 시나그라

마다가스카르는 카카오를 재배하고 수확한 뒤, 가공 처리하고 초콜릿으로 제작하는 과정까지 자국에서 진행한다. 코코아 업계에서는 매우 드문 경우다. 마다가스카르에는 두 개의 초콜릿 회사가 있는데, 모두 삼비라노 계곡에서 재배한 코코아콩을 이용해 판초콜릿과 당과제품을 만든다. 그중 하나인 로베르는 1940년대에 수도 안타나나리보에 설립되었다. 주변 농가에서 재배한 코코아콩으로 초콜릿을 만들어 현지 시장에 판매했다. 현재는 '초콜릿 마다가스카르'라는 브랜드를 전 세계로 판매하고 있다.

또 다른 초콜릿 회사는 시나그라다. 시나그라는 초콜릿 대회에서 수상한 경력이 있는 '메나카오' 판초콜릿을 전 세계로 판매한다. 메나카오 초콜릿은 마다가스카르산 재료만을 넣어 만들며, 코코넛과 핑크페퍼(pink pepper) 같은 향미료만 사용한다.

마다가스카르 초콜릿의 독특한 맛

마다가스카르 초콜릿은 천연의 단맛과 독특한 과일 향으로 전 세계 초콜릿 제조자와 쇼콜라티에의 사랑을 독차지하고 있다. 시트러스 향과 달콤한 향을 강화하기 위해 과일 맛이 나는 속재료를 채우거나 소금을 살짝 추가하기도 한다.

대륙
아프리카

코코아콩 건조시키기
삼비라노 계곡에 위치한 암볼리카피키 농장에서 코코아콩을 건조하고 있다. 코코아콩을 뒤집어주면 햇볕 아래에서 자연스럽게 건조된다.

암반자

재배지역
마다가스카르 북부의 **삼비라노 계곡**은 비록 규모는 작지만 마다가스카르 카카오가 대부분 이곳에서 자란다. 암반자에서 80km 떨어진 곳에 위치한다.

수도
안타나나리보
★

주요 농장
암볼리카피키는 베르티 아케슨(Bertil Åkesson)이 운영하는 카카오 농장으로 재배면적은 2,000 헥타르에 달한다. 아케슨즈 오가닉(Åkesson's Organic)을 비롯한 최고급 초콜릿 제조자들을 위한 최상급 코코아콩을 생산한다.

암반자

주변 환경
자연적으로 비옥한 하곡에서 카카오가 자란다.

마다가스카르의 카카오 재배면적은 15,000헥타르에 달한다. 마다가스카르는 이외에도 바닐라, 커피, 사탕수수를 재배한다.

수확시기
카카오를 수확하는 달(월)

1	2	3	4	5	6	7	8	9	10	11	12

■ 본 수확　　　　　■ 중간 수확

가족 단위의 소규모 농장에서 카카오를 재배하며, 대부분이 프랑스 식민지 시대에는 과일을 재배했다.

주요 재배품종
크리올료, 크리니타리오

특징적 향미
과일 향과 **시트러스 향**이 나며, 천연의 단맛을 지니고 있다.

마다가스카르의 바닐라도 카카오만큼 유명하며, 보통 둘 다 사용해 초콜릿을 만든다.

생산량
매년 7,260톤
전 세계 생산량의
0.16%

탄자니아(TANZANIA)

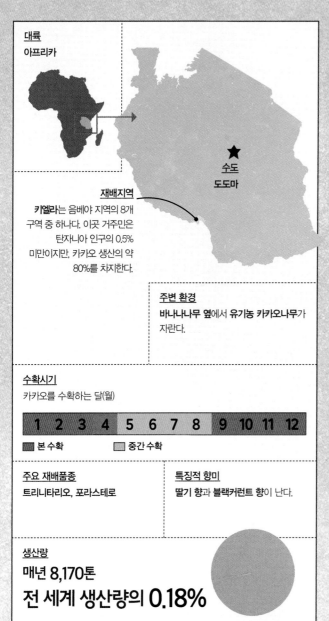

대륙
아프리카

수도
도도마

재배지역
키엘라는 음베야 지역의 8개 구역 중 하나다. 이곳 거주민은 탄자니아 인구의 0.5% 미만이지만, 카카오 생산의 약 80%를 차지한다.

주변 환경
바나나나무 옆에서 **유기농 카카오나무가** 자란다.

수확시기
카카오를 수확하는 달(월)

1	2	3	4	5	6	7	8	9	10	11	12

■ 본 수확 　 □ 중간 수확

주요 재배품종
트리니타리오, 포라스테로

특징적 향미
딸기 향과 **블랙커런트** 향이 난다.

생산량
매년 **8,170톤**
전 세계 생산량의 **0.18%**

탄자니아 코코아 산업은 다른 유명한 아프리카 생산국과는 그 시작과 성장기가 다르다. 하지만 몇 년 전부터 고급 코코아 생산국으로 자리매김하기 시작했다.

탄자니아는 코코아 생산으로 유명한 나라가 아니다. 비교적 적은 양을 생산하지만, 전 세계 수제초콜릿 제조자들에게 급속도로 인기를 얻고 있다. 특히 음베야 지역에서 생산되는 트리니타리오 품종은 은은한 과일 향을 자랑한다.

품질에 대한 투자
탄자니아의 카카오 농장들은 협동조합이 중심이 되는 구조보다는 독립적으로 운영하는 곳이 많다. 이러한 조건에서는 지식과 재원의 공유로 얻을 수 있는 혜택을 누리지 못하기 때문에 판매할 때 불이익을 당하기 쉽다. 그러나 탄자니아 정부와 전 세계의 수제초콜릿 제조자들의 지원 덕분에 탄자니아 코코아의 품질과 생산량은 매년 개선되고 있다.

동업자적 협력관계
미국 초콜릿 제조자인 숀 에스키노시(Shawn Askinosie)는 2010년부터 키엘라 지역의 농부들과 일하기 시작했다. 키엘라 농장들과의 직접적인 관계 형성은 초콜릿 품질 개선에도 도움이 되었다. 에스키노시는 교육 프로그램을 마련해 미국 학생들이 탄자니아 농부나 학생들과 만나 함께 일할 수 있는 기회를 마련했다. 이들이 함께 만들어낸 초콜릿은 탄자니아 코코아 특유의 은은한 베리 향을 더욱 짙게 풍긴다.

콩고민주공화국; DR콩고
(DEMOCRATIC REPUBLIC OF CONGO; DRC)

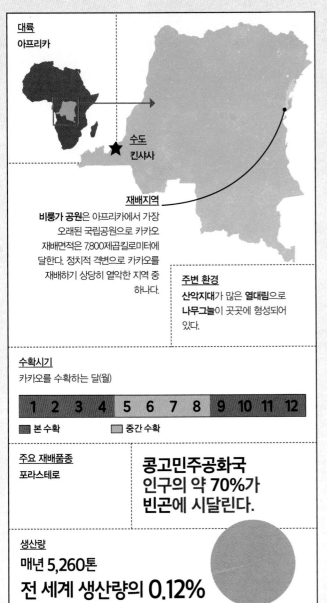

대륙
아프리카

★ **수도**
킨샤사

재배지역

비룽가 공원은 아프리카에서 가장 오래된 국립공원으로 카카오 재배면적은 7,800제곱킬로미터에 달한다. 정치적 격변으로 카카오를 재배하기 상당히 열악한 지역 중 하나다.

주변 환경
산악지대가 많은 **열대림**으로 **나무그늘**이 곳곳에 형성되어 있다.

수확시기
카카오를 수확하는 달(월)

1	2	3	4	5	6	7	8	9	10	11	12

■ 본 수확　　□ 중간 수확

주요 재배품종
포라스테로

콩고민주공화국 인구의 약 70%가 빈곤에 시달린다.

생산량
매년 5,260톤
전 세계 생산량의 0.12%

콩고민주공화국의 코코아는 과일 향을 풍기는 최고급 초콜릿에 사용한다. 아프리카에서 가장 가난하고 정세가 불안정한 상황에서 코코아 생산은 많은 이에게 희망을 주고 있다.

콩고민주공화국의 카카오는 대부분 북동부 지역에서 생산된다. 이곳은 다양한 생물이 많은 만큼 무력충돌도 빈번한 지역이다.

농가의 구명 밧줄, 카카오

카카오콩을 가공 처리하는 일은 어려운 작업이다. 다른 이의 작물을 훔치는 것이 재배하는 것보다 더 쉬운 이 지역의 민병대에게 카카오 재배는 그다지 구미가 당기는 일이 아니다. 그러나 이곳 카카오 농장은 적절한 관리 덕분에 높은 가격으로 카카오를 거래하고 있다. 대부분의 농민이 자급자족하는 상황에서 카카오는 필수작물이 되었고, 카카오 재배로 인해 이들의 삶이 조금씩 바뀌고 있다. 일인당 국민소득이 세계 최저 수준인 이곳에서 실질적인 발전이 이루어지고 있다.

카카오 덕분에 삶이 바뀌고 있다

몇 년 전부터 테오 초콜릿, 오리지널 빈스와 같은 수제 초콜릿 회사들이 교육과 산림 재조성 계획에 참여하고 있다. 이러한 움직임은 콩고민주공화국의 코코아를 널리 알려 코코아 산업 발전을 촉진하고 있다. 오리지널 빈스는 2011년 초콜릿 아카데미 시상식에서 '크루 비룽가 판초콜릿'을 선보여 수상의 영광을 얻으면서 콩고민주공화국 코코아의 가능성을 알렸다.

숨겨진 이야기 | 오리지널 하와이안 초콜릿 팩토리

트리투바 초콜릿 제조자

하와이 섬의 코나 지역에 위치한 '오리지널 하와이안 초콜릿 팩토리'는 오로지 하와이산 코코아콩만을 사용해 초콜릿을 생산한다. 소수의 인원으로 구성된 팀이 모든 초콜릿 제작단계를 관리해 좋은 품질과 풍부한 향미를 보장한다.

직원 수는 총 10명이다. 3명은 농장에서 일하고, 7명은 공장과 가게에서 일한다.

1997년에 미국 노스캐롤라이나에서 하와이로 이주했다.

2000년에 처음으로 초콜릿을 생산했다.

회사 설립자인 팸(Pam)과 밥 쿠퍼(Bob Cooper)는 하와이 섬에 있는 2.5헥타르 크기의 농장에서 초콜릿을 제작한다. 쿠퍼 부부는 1997년에 미국 본토에서 건너와 커피, 마카다미아 땅콩, 카카오를 재배하던 한 농장을 인수했다. 농작 경험이 전혀 없음에도 특이하게 농장 뒤뜰에서 하와이안 초콜릿을 만들기 시작했다. 당시에는 하와이에서 초콜릿을 소량 생산할 수 있는 상업용 장비를 구입할 수 없었기 때문에 유럽이나 미국 본토에서 들여오거나 직접 제작해야 했다.

쿠퍼 부부는 카카오를 재배하고 초콜릿을 제작하면서 모든 부분을 현지화했다. 고품질의 트리투바 초콜릿만을 만들기 위해 전 과정을 직접 관리했다. 직접 재배한 카카오콩을 사용하거나, 현지 농장 10~15곳에서 구입하기도 했다.

하와이를 미국 카카오 재배와 초콜릿 생산으로 유명하게 만드는 것이 이 회사의 비전이다.

초콜릿 생산의 어려움

하와이에서 초콜릿을 생산하는 데 가장 큰 장애물은 열대성 기후다. 열흘을 주기로 비가 내리지 않으면 카카오나무에 물을 대야 한다. 10℃ 이하로 떨어지는 기온변화와 강풍도 카카오나무의 건강에 치명적이다. 코코아콩을 햇볕에 건조시켜야 하기 때문에 회사의 전담팀은 날씨를 꾸준히 확인한다. 초콜릿을 포장한 뒤에는 기온과 습도를 수시로 확인할 수 있는 통제된 장소에 보관한다.

농장의 일주일

농장의 일주일은 구체적인 일정으로 채워져 있다. 월요일에는 카카오꼬투리를 수확한다. 화요일과 목요일에는 몰딩 작업을 한다. 수요일과 금요일에는 쿠퍼 부부의 농장견학 프로그램이 진행된다. 토요일에는 공장에서 초콜릿을 제작하고 회계업무를 처리한다. 그리고 일요일에는 쉰다.

코코아콩 뒤집기
농부들은 코코아콩을 태양광에 골고루 건조시키기 위해 하루에도 두세 번씩 뒤집어준다.

코코아콩 건조하기
지면에서 떨어진 곳에 설치한 선반에 코코아콩을 놓고 건조시킨다. 하와이에서는 비가 자주 오기 때문에 비를 막기 위한 덮개가 선반에 설치되어 있다.

템퍼링 기계
현지 공장에 있는 전문 기계를 이용해 초콜릿을 템퍼링한다. 기후 때문에 냉방장치가 필요한 경우도 있다.

형형색색의 카카오꼬투리
쿠퍼 부부의 농장에서 수확한 잘 익은 카카오꼬투리가 형형색색의 무지개색을 띠고 있다.

도미니카공화국(DOMINICAN REPUBLIC)

스페인 정복자들은 도미니카공화국에 카카오를 들여오려고 시도했다. 하지만 1665년에 이르러서야 프랑스로 인해 비로소 제대로 된 카카오 재배가 시작되었다.

도미니카공화국은 카리브해 지역에서 두 번째로 빈곤한 국가다. 코코아는 이곳 소규모 농장들의 주요 수입원이다. 미국과 유럽 초콜릿 회사들의 투자와 수요가 증가하면서 카카오 재배면적은 지난 40년간 두 배로 확장되었다.

향미 발현을 위한 발효작업

도미니카공화국에서 재배하고 가공 처리한 코코아콩은 모두 트리니타리오 품종이다. 트리니타리오 품종 중에서도 산체스와 히스파니올라, 두 등급의 콩을 생산한다.

산체스 콩은 수확 즉시 건조시킨다. 싼 비용으로 빨리 생산할 수 있지만 그만큼 향미가 떨어진다. 풍부한 향미가 발현되려면 시간이 필요하기 때문이다. 산체스 콩은 코코아버터나 대량생산되는 초콜릿을 만드는 데 사용한다.

히스파니올라 콩은 5~7일간 발효시킨 뒤에 햇볕에 건조시킨다. 은은한 과일 향이 나고 쓴맛이 거의 없기 때문에 중간급 초콜릿 브랜드와 수제초콜릿 제조자에게 인기 있다. 프루이션 초콜릿, 로그 쇼콜라티에, 마누팍투라 체코라디 등 모두 히스파니올라 콩으로 수제초콜릿을 만든다.

협동조합의 필요성

도미니카공화국의 카카오 재배산업이 발전하기 위해서는 농민조합과 협동조합이 필수다. 그루포 코나카도(Grupo CONACADO)는 150개 이상의 농민협회로 구성된 영향력 있는 협동조합이다. 1980년대 코코아 가격이 하락할 당시 히스파니올라 발효법을 개발한 것도 그루포 코나카도의 조합원들이었다.

대륙
북아메리카

북부

중북부

도 미 니 카

대서양의 맞은편
대서양을 인접한 도미니카공화국의 동부지역에서 카카오나무가 자란다. 카카오 재배에 사용하는 비옥지는 약 150,000헥타르에 달한다.

재배지역
동북부 지역은 도미니카공화국에서 코코아를 가장 많이 생산하는 지역이다. 허리케인과 홍수 피해가 잦은 지역이기도 해서 재배하는 데 힘든 부분도 있다.

동북부

중부

공 화 국

★
수도
산토도밍고

동부

재배지역
카카오와 커피를 재배하는 **농업지역 다섯 곳**(북부, 중부, 동북부, 중부, 동부) 중에서 동부의 토지가 가장 비옥하다.

주변 환경
시트러스나무, 바나나무, 야보카도나무의 그늘 아래에서 카카오나무가 자란다.

도미니카공화국은 공정무역을 통해 유기농 코코아를 생산한다. 이곳에서 생산된 최상급 코코아는 비싼 가격을 유지하고 있다.

수확시기
카카오를 수확하는 달(월)

1	2	3	4	5	6	7	8	9	10	11	12

■ 본 수확　　　　□ 중간 수확

현재 도미니카공화국의 생산은 가족 단위의 소규모 농장들이 독점하고 있지만, 동북부 지역을 중심으로 점차 대규모 농장으로 바뀌는 추세다.

주요 재배품종
트리니타리오

특징적 향미
신맛이 매우 적으며, 노란 과일 향이 난다.

도미니카공화국은 최상급 코코아와 하등급 코코아를 모두 생산하는 대표적인 수출국이다.

생산량
매년 65,320톤
전 세계 생산량의 **1.4%**

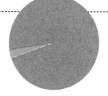

그레나다(GRENADA)

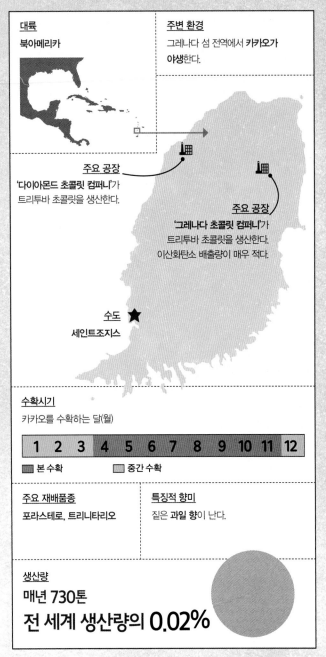

대륙
북아메리카

주변 환경
그레나다 섬 전역에서 **카카오**가 **야생**한다.

주요 공장
'다이아몬드 초콜릿 컴퍼니'가 트리투바 초콜릿을 생산한다.

주요 공장
'그레나다 초콜릿 컴퍼니'가 트리투바 초콜릿을 생산한다. 이산화탄소 배출량이 매우 적다.

수도
★ 세인트조지스

수확시기
카카오를 수확하는 달(월)

| 1 | 2 | 3 | 4 | 5 | 6 | 7 | 8 | 9 | 10 | 11 | 12 |

■ 본 수확   ■ 중간 수확

주요 재배품종
포라스테로, 트리니타리오

특징적 향미
짙은 과일 향이 난다.

생산량
매년 **730톤**
전 세계 생산량의 **0.02%**

그레나다는 짙은 과일 향이 나는 코코아와 초콜릿 혁명에 영감을 불러일으킨 회사로 유명하다. 한 사람의 열정 덕분에 이 작은 섬은 '윤리적인 초콜릿'의 대명사가 되었다.

카리브해의 다른 카카오 생산국과 마찬가지로 그레나다도 1600년대 말에 프랑스가 카카오를 들여왔다. 그레나다는 섬 전역에서 자라는 카카오를 현지에서 직접 가공 처리하는데, 최근 들어 최상급 코코아의 명성이 더욱 높아졌다.

친환경적 발걸음
미국인 모트 그린(Mott Green)이 1980년대 말에 그레나다로 이주했을 당시 현지 농부들은 카카오 대신 계피, 정향, 생강 같은 향신료 재배를 선호했다. 그러나 모트 그린은 현지에서 직접 수확하고 가공 처리하는 코코아 사업의 잠재성을 감지하고 1999년에 그레나다 초콜릿 컴퍼니를 설립했다. 지인들과 현지인들을 설득해 태양열 발전기로 가동하는 작은 공장을 짓고, 코코아콩을 가공 처리하기 위해 주변 농장들과 파트너십을 체결했다. 공장에 냉방시설을 설치해 초콜릿이 열대성 더위에 녹는 것을 방지했고, 그렇게 만든 초콜릿을 범선과 자전거를 이용해 전 세계로 운송했다. 안타깝게도 모트 그린은 2013년에 사망했지만, 그가 설립한 회사만은 세계적으로 길이 남아 '윤리적이고 지속가능한 트리투바 초콜릿 회사'의 본보기가 되고 있다.

코코아콩 건조 방식
그레나다는 300년 전과 똑같은 방식으로 코코아콩을 건조한다. 먼저 발효가 끝난 코코아콩을 나무판에 놓고 햇볕에 말린다. 그런 다음 인부들이 발로 휘젓고 다니며 뒤집어준다. 코코아콩을 골고루 건조시키는 동시에 결함이 있는 것을 골라내기 위한 작업이다.

세인트루시아(SAINT LUCIA)

18세기부터 카카오를 재배해온 세인트루시아가 현재 코코아 산업의 새로운 부흥기를 맞고 있다. 바로 영국의 한 유명한 회사 덕분이다.

세인트루시아는 오래 전부터 코코아 산업을 중요시 여겼다. 그러나 최근까지만 해도 투자 부족으로 관광에 더 치중할 수밖에 없었다. 따라서 세인트루시아산 코코아콩은 이력추적이 가능한 최상급 초콜릿보다는 여러 품종을 섞은 하등품 초콜릿을 만드는 데 사용되었다.

황무지였던 농장의 부활

호텔 쇼콜라의 설립자인 앵거스 설웰은 카카오 재배에 대한 역사서를 읽고 영감을 얻어 세인트루시아에서 가장 오래된 농장인 라봇 이스테이트를 2006년에 인수했다. 면적이 57헥타르에 달하는 이 농장은 1930년대부터 한 가문의 사유지였지만, 작물이 마구잡이로 자란 황무지에 불과했다.

코코아 무역의 재활성화

오늘날 세인트루시아에서 재배된 코코아 대부분이 호텔 쇼콜라의 손을 거쳐 싱글 오리진 초콜릿으로 탄생한다. 호텔 쇼콜라는 황무지였던 라봇 이스테이트를 재탄생시켰다. 새로운 카카오 재배 계획을 도입했고, 고급 호텔을 지어 방문객들이 초콜릿 제작과정을 직접 경험할 수 있게 했다. 오늘날 라봇 이스테이트는 경작지를 의미하는 16개의 '코트(côte)'로 나뉜다. 코트마다 각기 다른 재배환경이 조성되어 있다고 한다. 호텔 쇼콜라는 이곳에서 재배한 카카오콩을 현지에서 가공 처리한 뒤 유럽으로 수출한다.

대륙
북아메리카

수도
캐스트리스

주요 농장
1930년대부터 한 가문의 사유지였던 **라봇 이스테이트**를 호텔 쇼콜라의 설립자인 **앵거스 설웰**(Angus Thirlwell)이 2006년에 인수했다.

주변 환경
비옥한 토양과 그늘진 경사지가 많은 **화산지대**

수확시기
카카오를 수확하는 달(월)

1	2	3	4	5	6	7	8	9	10	11	12

■ 본 수확   ▢ 중간 수확

주요 재배품종
트리니타리오

세인트루시아에서 **재배한 카카오 대부분**은 **싱글 오리진 초콜릿**을 만드는 데 사용된다.

생산량
매년 **50톤**
전 세계 생산량의 **0.001%**

트리니다드 토바고(TRINIDAD AND TOBAGO)

대륙
북아메리카

토바고

수도
포트오브스페인

주요 공장
'트리니다드 토바고 파인 코코아 컴퍼니'의 공장은 트리니다드 토바고에 설립된 최초의 코코아 가공 처리 시설이다.

트리니다드

주변 환경
트리니다드 섬과 토바고 섬의 산비탈에서 카카오가 자란다.

수확시기
카카오를 수확하는 달(월)

1	2	3	4	5	6	7	8	9	10	11	12

■ 본 수확   ■ 중간 수확

주요 재배품종
트리니타리오

특징적 향미
은은한 꽃 향이 난다.

생산량
매년 **450톤**
전 세계 생산량의 **0.01%**

트리니다드 토바고는 한때 세계 최대 카카오 재배국이었지만, 20세기 들어서면서 카카오 거래가 점차 줄어들었다. 하지만 최근에는 카카오 연구의 중심지로 거듭나고 있으며, 신규 공장을 세워 코코아 생산을 촉진할 방안을 모색하고 있다.

트리니다드 토바고와 코코아의 첫 만남은 스페인이 중앙아메리카산 크리올료 품종을 처음 들여왔던 1525년으로 거슬러 올라간다. 이후 포라스테로 품종과 교배시켜 새로운 교배종을 개발했으며, 이를 트리니다드의 이름을 따서 '트리니타리오'라고 부르기 시작했다.
트리니타리오 나무는 크리올료의 향미와 포라스테로의 높은 생산성이 결합된 카카오콩을 맺는다. 새로운 품종 개발에 성공한 트리니다드 토바고는 코코아 무역의 선두주자로 부상했고, 전성기 때는 세계 최대 코코아 생산국 3위의 자리에 오르기도 했다. 그러나 1920년대에 빗자루병(잔가지가 빗자루 모양처럼 무더기로 돋아나는 병-옮긴이)의 확산과 세계경제 침체로 코코아 생산량이 급격하게 감소했다.

연구와 산업의 부활

이같이 어려운 상황에서 병해에 맞설 해결책을 찾고 병해저항성을 가진 품종을 개발하기 위해 최초의 카카오 연구팀이 꾸려졌다. 코코아연구센터와 국제유전자은행은 현재 전 세계 카카오 품종의 80%에 이르는 2,400종의 카카오를 보유하고 있다.
2015년에는 '트리니다드 토바고 파인 코코아 컴퍼니'가 등장했다. 자국의 코코아가 세계적으로 더욱 많이 거래되고 현지 농부들의 임금수준을 높이는 것이 목표이며, 현지에서 생산된 카카오를 매년 150톤까지 가공 처리할 수 있다.

쿠바(CUBA)

쿠바는 담배, 설탕, 커피 생산국으로 더 유명하지만, 200년 훨씬 전부터 카카오를 재배해왔다. 대서양으로 돌출된 동쪽 끝 지역에 카카오 농장이 몰려 있다.

스페인이 쿠바에 최초로 카카오를 들여온 것은 1540년 경으로 추정된다. 그러나 카카오가 주요 작물이 된 것은 18세기 말에 프랑스인들이 아이티에서 쿠바로 이주하면 서부터다. 1827년에 카카오 농장 수는 60개에 달했으며, 이후 코코아 생산량은 70년 만에 네 배 이상 증가했다. 오늘날 핫초콜릿은 아침식사에 빠져서는 안 되는 음료가 되었다.

부근의 산비탈에서 재배된다. 연강우량이 230㎝가 넘는 습한 기후 덕분에 카카오가 자라기 완벽한 환경이 조성 되었다. 캄페시노(스페인어로 '농부')들은 그 어느 누구의 도움 도 없이 홀로 카카오를 재배해 생계를 유지해야 한다. 따 라서 바나나와 같은 수익성 높은 작물을 카카오와 함께 키운다.

쿠바산 코코아콩은 주로 유럽과 미국의 초콜릿 회사 로 판매되거나, 바라코아에 있는 '루벤 다비드 수아레스 아벨라 콤플렉스'에서 가공 처리된다. 이 공장은 1960년 대 초에 쿠바의 산업부 장관이던 체 게바라가 설립했다. 당시에 동독에서 수입했던 장비로 현재까지도 초콜릿을 만든다.

체 게바라가 남긴 초콜릿 유산

오늘날 쿠바산 카카오의 75%가 동부에 위치한 바라코아

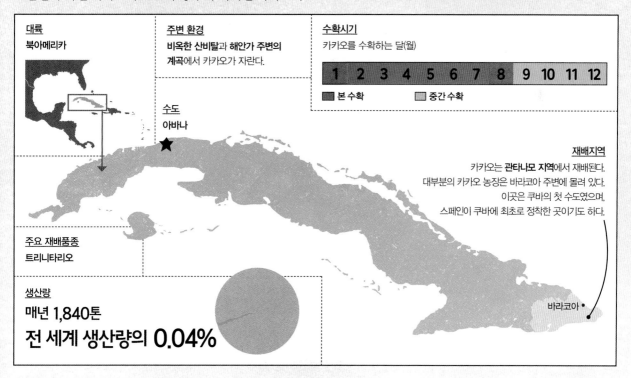

대륙
북아메리카

주변 환경
비옥한 산비탈과 해안가 주변의 **계곡**에서 카카오가 자란다.

수확시기
카카오를 수확하는 달(월)

| 1 | 2 | 3 | 4 | 5 | 6 | 7 | 8 | 9 | 10 | 11 | 12 |

■ 본 수확   ■ 중간 수확

수도
아바나

재배지역
카카오는 **관타나모 지역**에서 재배된다. 대부분의 카카오 농장은 바라코아 주변에 몰려 있다. 이곳은 쿠바의 첫 수도였으며, 스페인이 쿠바에 최초로 정착한 곳이기도 하다.

바라코아 •

주요 재배품종
트리니타리오

생산량
매년 **1,840톤**
전 세계 생산량의 **0.04%**

에콰도르 (ECUADOR)

세계 8위 코코아 생산국인 에콰도르는 최상급 코코아콩을 공급하는 주요 생산지다. 토종 품종인 아리바 나시오날은 은은한 과일 향과 꽃 향으로 높은 평가를 받지만, 생산성 높은 교배종과 경쟁할 수밖에 없는 현실에 놓였다.

에콰도르의 카카오 생산량은 전 세계 생산량의 5%에 불과하지만, 지난 15년간 급격한 증가 추세를 보였다. 최고급 싱글 오리진 초콜릿을 만드는 데 쓰는 최상급 콩의 70%를 에콰도르에서 생산한다.

카카오 품종

아리바 나시오날은 유전적으로 포라스테로 품종에 속하면서도 향미가 고급스러운 것으로 유명하다. 아리바 나시오날로 만든 에콰도르 초콜릿은 흙냄새가 나고 진하며, 여러 향료와 더불어 은은한 오렌지꽃 향과 자스민 향이 나는 것이 특징이다.

한편, 몇 년 전부터 CCN-51 품종 도입에 대한 논란이 끊이지 않고 있다. CCN-51은 풍미를 포기한 대신 생산성을 높이기 위해 인공적으로 만든 교배종이다. 농부들에게는 구미가 당기는 일이지만, 전문가들은 에콰도르의 유전적 다양성과 고유의 향미가 사라질 것을 우려하고 있다.

트리투바 초콜릿

에콰도르 코코아 산업은 변화의 중심에 서 있다. 단순히 코코아콩을 수출하기보다는 초콜릿을 직접 제작하는 방향으로 바뀌고 있는 것이다. 이는 에콰도르 경제에 엄청난 이득이다. 초콜릿 회사 입장에서도 농부와 직접 일할 기회가 된다. 트리투바의 간결화된 제작방식은 다른 국가의 초콜릿 회사에도 본보기가 되고 있다.

초콜릿 대회에서 수상한 경력이 있는 파카리와 몬테크리스티 같은 회사도 에콰도르 현지에서 생산한 카카오로 초콜릿과 커버추어를 만들어 수출하고 있다.

대륙
남아메리카

재배지역
로스리오스는 아리바 나시오날 품종이 자라는 산림지역이다. 파카리는 이곳에서 생산한 카카오로 싱글 오리진 초콜릿을 만든다.

재배지역
마나비는 비교적 건조한 지역으로 캐러멜 향과 토피(toffee; 설탕, 버터, 물을 함께 끓여 만든 사탕—옮긴이) 향이 나는 코코아를 생산한다.

에 콰

재배지역
과야스는 과야스 강의 범람원이 있는 지역으로 인구밀도가 낮다. 과야스의 소규모 농장들은 짙은 향미를 지닌 아리바 나시오날 품종을 재배한다. '아마노 아르티잔 초콜릿' 같은 수제초콜릿 회사들이 이곳의 카카오를 사용한다.

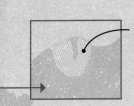

재배지역
에스메랄다스는 에콰도르에서 가장 비곤한 지역이지만, 식물이 무성하고 토양이 비옥하다. 좋은 품질의 코코아를 생산해 높은 가격에 팔기 시작하면서 많은 농부들의 삶이 바뀌고 있다.

수도
키토

주요 공장
몬테크리스티는 마나비에서 재배한 아리바 나시오날 콩으로 고급 유기농 커버추어를 만든다.

주요 공장
키토 남부에 위치한 **파카리 공장**은 아리바 나시오날 품종으로 싱글 오리진 유기농 초콜릿을 만든다.

도　　르

국내외 초콜릿 제조자들은 에콰도르 토종 품종을 높이 평가하고 있다

주변 환경
화산 침전물 덕분에 영양분이 풍부해진 **비옥한 범람원**

에콰도르 현지 공장들은 **토종 품종**으로 싱글 오리진 초콜릿을 만든다.

수확시기
카카오를 수확하는 달(월)

1	2	3	4	5	6	7	8	9	10	11	12

■ 본 수확　　　■ 중간 수확

에콰도르는 세계에서 **최고급 카카오**를 가장 많이 생산하는 국가다.

주요 재배품종
아리바 나시오날, CCN-51

특징적 향미
향신료, 오렌지꽃 향, 자스민 향

아리바 나시오날
향미가 풍부한 품종으로 꼬투리 겉에 깊은 주름이 있으며 녹색과 노란색이 섞여 있다.

트리투바 초콜릿 제작은 **국가경제에 도움**이 된다.

생산량
매년 217,720톤
전 세계 생산량의 5.6%

베네수엘라(VENEZUELA)

세계 최상급 코코아 품종들을 생산하는 베네수엘라는 현지에서 개발한 크리올료 교배종들로 유명하다. 초콜릿 제조자들은 향미가 섬세하고 색이 옅은 베네수엘라 품종들을 매우 높이 평가한다. 이토록 명성이 높은 데는 구하기 어렵다는 점도 한몫한다.

베네수엘라는 남아메리카 최대의 코코아 생산국에 속한다. 정부의 엄격한 수출제한 조치 때문에 현재의 코코아 수출량은 과거 전성기에 비해 훨씬 적다. 이러한 조치는 현지 코코아 가격을 낮춰 베네수엘라 국민의 코코아 소비를 장려하자는 취지에서 시작되었지만, 코코아콩을 팔지 않고 창고에 쌓아놓는 결과만을 낳았다. 현지시장을 위한 초콜릿 가공공장이 계속 늘어난 반면, 베네수엘라의 최고급 코코아는 오로지 소량만이 해외로 수출되고 있다.

희귀 품종 추구

베네수엘라 서부에서 자라는 포르셀라나 품종은 꼬투리가 도자기 같은 옅은 황백색이며, 섬세한 과일 향과 꽃 향이 난다. 유럽 초콜릿 회사들은 포르셀라나를 세계 최상급 품종으로 평가한다.

베네수엘라 북부의 외진 곳에 위치한 추아오 마을에서는 최상급으로 평가받는 카카오 품종을 무려 400년 전부터 재배했다. 추아오 콩은 유전적으로 특정한 카카오 품종으로 분류되지는 않지만, 추아오만의 독특한 유전성과 재배환경이 결합된 결과, 붉은 과일 향과 약간의 신맛이 나는 균형 잡힌 향미가 탄생했다. 수출제한 조치와 카카오 농장의 고립된 위치 때문에 추아오 콩을 구하기가 매우 어렵다. 이러한 연유로 높은 가격에 거래된다. 추아오 콩은 능력 있는 초콜릿 제조자의 손을 거쳐 세계 최고급 초콜릿으로 탄생한다.

대륙
남아메리카

베

네

재배지역
마라카이보 호수 주변에 위치한 카카오 농장에서 크리올료 품종에 속하는 포르셀라나가 재배된다. 초콜릿 제조자들은 색이 옅고 향미가 섬세한 이 희귀품종을 매우 높이 평가하고 있다.

수출제한 조치는 현지시장의 코코아 가격을 낮추는 것이 목표였다

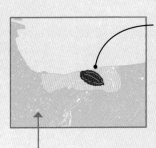

주요 재배지역
추아오 마을은 모터보트를 이용하거나 도보로 이틀간 이동해야만 도착할 수 있는 고립된 해안마을이다. 이곳에서는 전 세계에서 가장 인기 많은 코코아콩을 생산한다.

수도
카라카스

재배지역
엔리 피테이르 국립공원은 베네수엘라에서 가장 오래된 국립공원이다. 이 열대림 지역의 면적은 900제곱킬로미터에 달하며, 다양한 생물종이 서식한다. 카카오 하시엔다(스페인어로 '농장')가 보호구역 곳곳에 있다.

주변 환경
카리브해와 근접한 **운무림**

수확시기
카카오를 수확하는 달(월)

1	2	3	4	5	6	7	8	9	10	11	12

■ 본 수확   ■ 중간 수확

추아오 농장은 지역사회가 소유하고 협력업체가 관리한다

포르셀라나 꼬투리
전 세계에서 가장 인기 많은 품종인 포르셀라나는 크리올료의 아종이다.

꼬투리의 외관은 매끈하고 둥글며, 색이 매우 옅다.

주요 재배품종
포르셀라나, 크리올료

특징적 향미
과일 향과 꽃 향이 난다.

생산량
매년 **18,140톤**
전 세계 생산량의 **0.4%**

브라질(BRAZIL)

대륙
남아메리카

주변 환경
브라질 북부의 언덕진 **열대림**에서 카카오가 자란다.

재배지역
오랫동안 산림벌채로 고통 받던 **파라 지역**에 새로운 카카오 재배 계획이 도입되어 긍정적인 영향을 주고 있다.

재배지역
바이아에는 '**코스타 도 카카우**' ('코코아 해변'이라는 의미―옮긴이)'라고 부르는 브라질 카카오 재배의 중심지가 자리해 있다.

수도
브라질리아

수확시기
카카오를 수확하는 달(월)

| 1 | 2 | 3 | 4 | 5 | 6 | 7 | 8 | 9 | 10 | 11 | 12 |

■ 본 수확　　　■ 중간 수확

주요 재배품종
트리니타리오, 포라스테로

브라질의 코코아 소비량은 생산량을 능가한다.

생산량
매년 207,750톤
전 세계 생산량의 **5.3%**

남아메리카에서 가장 넓은 국토를 자랑하는 브라질은 한때 강력한 코코아 생산국이었다. 병해와 경제적 요인으로 코코아 산업이 치명타를 입었지만, 최근 회복의 기미가 보이기 시작했다.

브라질은 한때 아메리카 대륙의 최대 코코아 생산국이었지만, 병해로 인해 심각한 타격을 받았다. 코코아 생산량은 감소했지만 초콜릿에 대한 내수 수요는 계속 증가한 결과, 1998년을 기점으로 코코아 순수입국으로 전환되었다.

카카오 산업 붕괴의 원인, 병해

1989년, 브라질 카카오 재배의 중심지인 바이아 지역에 빗자루병이 발병해 카카오 생산량이 급격히 하락했다. 이후로도 10년간 지속된 병해는 카카오 생산량을 75%나 감소시키며 브라질의 카카오 산업을 초토화시켰다. 오늘날 바이아 지역의 카카오나무 대부분은 병해저항성이 더 강한 품종으로 대체되었다. 회복의 기미가 보이기 시작했지만, 속도는 여전히 느리게 진행되고 있다.

코코아 산업의 재건

이러한 어려움에도 불구하고 브라질은 여전히 세계 10위의 코코아 생산국이다. 코코아 생산량을 높이려는 노력이 끊이지 않고 있으며, 마스와 카길 같은 대규모 다국적 제과회사들도 브라질 코코아 농부들을 위한 경제적·사회적·기술적 원조를 아끼지 않고 있다.

　한편, 높은 수익성을 고려해 최상급 코코아콩 생산에 집중하는 농장도 있다. 바이아 남부의 '코스타 도 카카우'에 위치한 파젠다 캄보아 카카오 농장이 생산하는 코코아는 수제초콜릿에 사용되고 있다.

콜롬비아(COLOMBIA)

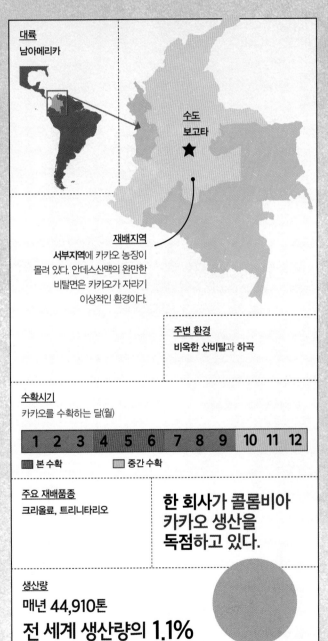

대륙
남아메리카

수도
보고타
★

재배지역
서부지역에 카카오 농장이
몰려 있다. 안데스산맥의 완만한
비탈면은 카카오가 자라기
이상적인 환경이다.

주변 환경
비옥한 산비탈과 하곡

수확시기
카카오를 수확하는 달(월)

1	2	3	4	5	6	7	8	9	10	11	12

■ 본 수확　　■ 중간 수확

주요 재배품종
크리올료, 트리니타리오

한 회사가 콜롬비아 카카오 생산을 독점하고 있다.

생산량
매년 44,910톤
전 세계 생산량의 1.1%

세계 최대의 최상급 코코아 수출국에 속하는 콜롬비아는 생산량과 품질, 두 마리 토끼를 모두 잡으려고 노력한다. 콜롬비아의 재래품종은 과일 향과 꽃 향이 느껴지는 독특한 초콜릿을 만들어낸다.

콜롬비아의 코코아 생산량은 전 세계 생산량의 약 1%를 차지한다. 콜롬비아 정부는 코코아 생산량을 더 늘리겠다는 야심찬 목표를 갖고 있다. 그러나 생산성 증대를 경제적 원동력으로 삼는 많은 국가들과는 달리, 콜롬비아는 코코아 품질에 더 중점을 두고 있다.

최상급 코코아에 대한 명성

콜롬비아 정부는 생산성 높은 대량재배종보다는 콜롬비아의 강점인 최상급 코코아의 품질을 개선하는 데 집중하고 있다. 향후 생산량을 두 배로 늘린다는 계획도 세웠다. 정부의 주도 아래 카카오나무를 심는 등 80,000헥타르에 달하는 경작지가 재건될 예정이다.

　콜롬비아에서 코코아콩과 초콜릿제품을 가장 많이 생산하고 수출하는 기업은 '카사 루커'다. 가족 소유 기업인 카사 루커는 콜롬비아 생산량의 3분의 1가량을 사들인다. 현지 농부들과 직접 작업하며 콜롬비아 재래품종을 재배하도록 권장한다. 이렇게 재배한 코코아콩은 보고타에 있는 카사 루커의 공장에서 다양한 초콜릿 제품으로 만들어진다.

콜롬비아 코코아의 다채로운 향미

콜롬비아 초콜릿은 원산지에 따라 향미가 다르지만, 일반적으로는 약간의 향신료가 더해진 은은한 과일 향과 꽃 향이 난다. 콜롬비아에 기반을 둔 초콜릿 회사인 '카카오 헌터스'는 콜롬비아 코코아의 다채로운 향미를 선사하기 위해 콜롬비아 전역을 돌아다니며 최상급 코코아콩을 공수해 초콜릿을 만든다.

페루(PERU)

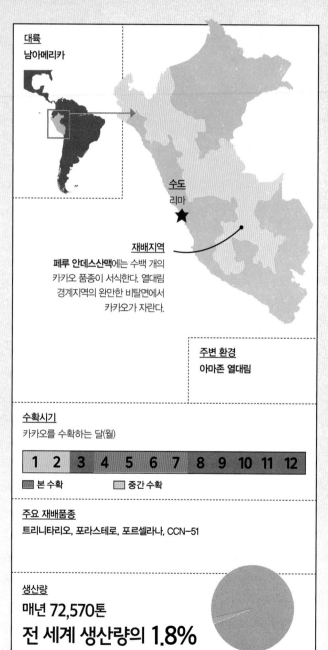

대륙
남아메리카

수도
리마

재배지역
페루 안데스산맥에는 수백 개의 카카오 품종이 서식한다. 열대림 경계지역의 완만한 비탈면에서 카카오가 자란다.

주변 환경
아마존 열대림

수확시기
카카오를 수확하는 달(월)

1	2	3	4	5	6	7	8	9	10	11	12

■ 본 수확   ■ 중간 수확

주요 재배품종
트리니타리오, 포라스테로, 포르셀라나, CCN-51

생산량
매년 **72,570톤**
전 세계 생산량의 **1.8%**

페루는 세계 최대의 최상급 코코아 생산국 중 하나다. 수제초콜릿에 사용하는 가장 유명한 최상급 코코아를 공급하며, 생산량이 빠르게 증가하고 있다. 그러나 생산성 높은 품종으로 대체하자는 압력을 받고 있어, 코코아 품질에 대한 페루의 높은 명성이 금이 갈 위기에 놓였다.

페루는 19세기에 남아메리카 최대 코코아 생산국으로 부상했다. 몇 년 전부터는 최상급 코코아로 명성을 얻으면서 코코아 생산량이 빠르게 증가했다.

카카오 원산지 추적
카카오 농장 이외에도 아마존 열대림 등지에서 야생하는 수많은 카카오 교배종이 발견되었다. 또한 페루와 미국 합동연구팀은 2000년대 초에 세 가지의 새로운 카카오 품종을 발견했다. 에콰도르에만 서식하는 것으로 알려졌던 그 유명한 아리바 나시오날의 표본도 발견했다. 이러한 연구 덕분에 그 기원이 오래된 교배종을 보존할 수 있었다. 전문가들은 연구팀이 발견한 품종들을 이용해 어린 나무를 번식시키거나 최상급 품종을 개발하는 데 이용했다.
　한편, 에콰도르처럼 인위적으로 만든 CCN-51 교배종이 인기를 얻으면서 많은 논란이 되고 있다. 농부들은 생산성을 높이기 위해 재래종 대신 CCN-51을 심고 있지만, 많은 이들이 CCN-51이 확산되면 페루 고유의 유전적 다양성이 사라질 것을 우려하고 있다.

수제초콜릿용 코코아의 천국
독특하면서도 다양한 코코아 품종의 생산지로 유명한 페루는 특히 수제초콜릿 제조자들에게 인기가 많다. 프루이션 초콜릿, 오리지널 빈스, 윌리즈 카카오 모두 페루산 코코아 고유의 독특한 향미를 자아내는 초콜릿을 생산한다.

볼리비아(BOLIVIA)

대륙
남아메리카

재배지역
아마존 분지의
베니에는 쇼콜라탈레스
('초콜릿 섬'이라는 의미)'라
불리는 '섬'에서
카카오가 야생한다.

★ **수도**
수크레

주변 환경
저지대가 침수되면서 만들어진
열대우림 속 '섬'

수확시기
카카오를 수확하는 달(월)

| 1 | 2 | 3 | 4 | 5 | 6 | 7 | 8 | 9 | 10 | 11 | 12 |

■ 본 수확　　■ 중간 수확

주요 재배품종
베니아노

**볼리비아는 세계 최대
유기농 코코아 생산국
중 하나다.**

생산량
매년 **5,440톤**
전 세계 생산량의 **0.14%**

동북부 베니에서 야생하는 짙은 향미의 카카오로 유명한 볼리비아는 많은 이들에게 지속가능한 유기농 코코아 생산국의 본보기가 되고 있다.

볼리비아의 연간 코코아 생산량은 약 5,440톤에 불과하다. 그러나 세계 최대의 유기농 코코아콩 수출국 중 하나이자 야생 카카오를 수확하는 것으로 유명하다.

아마존에 서식하는 야생 카카오

인간은 수백 년 전부터 카카오를 손수 재배해 초콜릿을 만들었다. 전 세계의 초콜릿 대부분이 그러하다. 그런데 볼리비아의 가장 유명한 카카오 품종은 동북부 베니의 좁은 땅에서 사람 손을 거치지 않은 채 야생한다. 카카오가 자라는 면적을 제외한 나머지 부분은 침수되기 때문에 이곳을 '쇼콜라탈레스'라고 부른다. 배를 타야만 이곳에 다다를 수 있다.

　야생 카카오의 잠재성을 처음 알아본 것은 독일 농업 전문가 볼커 레만(Volker Lehmann)이다. 그는 상인과 거래하며 코코아를 수출할 인프라를 구축하는 데 투자했다. 향미가 짙은 코코아콩은 오늘날 비싼 가격에 거래된다. 이에 대한 수요가 세계적으로 많아진 덕분에 현지인들도 많은 이득을 보고 있다. 지속가능한 초콜릿 회사인 오리지널 빈스도 베니산 코코아를 이용해 싱글 오리진 초콜릿을 만든다.

노동조합의 연합

볼리비아 카카오 산업의 성공 비결은 농부와 노동조합의 연합조직이다. 1977년에 창설된 '엘 세이보(El Ceibo)'는 1,200명을 넘는 볼리비아 농부들을 대변하는 수많은 노동조합의 연합조직이다. 이들은 서로 협력해 교육과 지원을 제공하고, 단일시장을 구성한다. 또한, 다양한 초콜릿 제품을 생산해 전 세계로 수출하고 있다.

온두라스(HONDURAS)

대륙
북아메리카

재배지역
온두라스 북서부에 위치한 **울루아 계곡**은 비옥한 강 유역으로 수천 년 전부터 카카오나무가 자랐다.

수도
테구시갈파

주변 환경
하곡과 산비탈에서 카카오가 자란다.

수확시기
카카오를 수확하는 달(월)

1	2	3	4	5	6	7	8	9	10	11	12

■ 본 수확   □ 중간 수확

주요 재배품종
크리올료, 트리니타리오

기원전 1,500년에 마야인은 코코아를 상품과 노예로 교환했다.

생산량
매년 **1,810톤**
전 세계 생산량의 0.04%

온두라스가 세계 최초로 카카오를 재배했다고 추정할 수 있는 유물이 곳곳에서 발견되었다. 최근 부활하기 시작한 고대 카카오 품종이 미래 국가발전의 원동력이 될 것으로 기대하고 있다.

1990년대 말, 고고학자들은 온두라스에서 기원전 1,150년에 소비한 것으로 추정하는 코코아 흔적을 발견했다. 온두라스의 유명한 고대 토기의 파편에서 발견한 것인데, 당시 고대인들이 카카오콩이나 과즙으로 음료를 만든 것으로 추정한다.

고대 카카오 품종의 부활

카카오에 대한 깊은 역사를 보유하고 있음에도 불구하고 온두라스는 20세기에 토종 카카오 품종들이 멸종될 위기에 놓였다. 경제적 요인, 병해, 허리케인 등의 폐해가 한꺼번에 밀려왔기 때문이다.

2008년, 스위스의 '초콜릿 할바'는 온두라스 카카오 생산자협회(APROCACHO)와 파트너십을 체결했다. 허리케인 '미치'로 초토화된 온두라스의 코코아 무역을 다시 활성화시키기 위해서다. 초콜릿 할바는 카카오 농부들을 지원하고, 코코아콩에 대한 정당한 대가를 지불했다. 또한 농부들이 카카오나무를 견목, 간작하도록 권장해 온두라스 지방의 산림 재조성을 도왔다.

'쇼코 파인 코코아'와 같은 회사들과 연구센터들도 멸종되어가는 온두라스의 토종 카카오 품종을 되살리려고 노력했다. 쇼코 파인 코코아는 온두라스 전역을 돌아다니며 최상급 카카오나무를 분석한 후 최고의 견본만을 선별해 그 종자를 심고 번식시켰다. 이렇게 번식시킨 카카오나무가 수제초콜릿 업계가 극찬하는 최상급 코코아를 생산했고, 쇼코 파인 코코아는 이 희귀 코코아콩을 전 세계로 수출하고 있다.

니카라과(NICARAGUA)

대륙
북아메리카

재배지역
니카라과 동부의 광활한 산악지대에 대부분의 카카오 농장이 몰려 있다

수도
★
마나과

주변 환경
열대성 저지대, 비옥한 토양

수확시기
카카오를 수확하는 달(월)

| 1 | 2 | 3 | 4 | 5 | 6 | 7 | 8 | 9 | 10 | 11 | 12 |

■ 본 수확   ■ 중간 수확

주요 재배품종
크리올료, 트리니타리오

니카라과에는 10,000여 명의 카카오 재배자가 있다.

생산량
매년 **4,540톤**
전 세계 생산량의 0.01%

코코아 업계의 신참격인 니카라과는 고가의 최상급 카카오 품종을 개발해 좋은 평판을 얻고 있다.

니카라과 농부들에게 카카오는 주요 수입원이라기보다는 오히려 부작물에 가깝다. 생산된 코코아 대부분은 현지에서 전통음식이나 코코아 음료를 만드는 데 사용한다.

니카라과 혁명과 국가재건

1980년대에 니카라과 혁명으로 거대한 격변이 일어났다. 1990년에 전쟁이 종결되자 비정부기구들은 농업이 중심이 되는 국가재건사업을 추진했다. 특히 농부들이 고가의 토종 크리올료 품종을 위주로 카카오를 재배하도록 권장했다.

농부들에게 묘목을 나눠주고, 재배·수확·가공 방법을 교육하는 사업을 추진한 결과, 점차 국가경제에 긍정적인 결과가 보이기 시작했다. 한편, 전문가들은 코코아 생산에 적합한 토지가 200만 헥타르에 달할 것으로 추정했지만, 이 중 극히 일부만 사용하고 있다.

생산량보다 품질이 우선

니카라과의 코코아 생산량은 제한적이다. 그러나 수제 초콜릿 업계는 니카라과의 독특한 최상급 코코아콩을 높이 평가하고 있다. 덴마크 회사인 '잉에만'은 니카라과 카카오 연구의 핵심주자다. 잉에만은 여섯 가지의 토종 카카오 아종을 발견하고 이를 개발해 현지 농부들에게 약 3억 5천만 그루를 나눠주었다. 잉에만은 농부들에게 먼저 교육과 지원을 제공하고, 그 결과물인 코코아를 다시 사들여 전 세계에 수출한다.

멕시코(MEXICO)

멕시코는 2,000년 전부터 남부지역에서 카카오를 재배했다. 한때 세계 주요 카카오 생산국 중 하나였지만, 최근 카카오 산업의 불황으로 하락세가 시작되었다. 그래서 이를 전환시키려는 새로운 시도를 하고 있다.

아메리카 대륙이 발견되기 이전에 멕시코 남부에 정착했던 문명들이 최초로 카카오나무를 순화재배했던 것으로 추정한다. 그때부터 2000년 이상이 흐른 뒤인 스페인 정복시기에는 남부 전역에 카카오 재배가 확산되었다. 이 중 소코누스코와 타바스코에 가장 큰 농장들이 있는데, 현재까지도 이곳은 주요 재배지역으로 남아 있다.

　카카오 재배의 본고장인 멕시코는 2003년 이래 경제적 요인과 병해로 인해 생산량이 급격히 감소했다. 이곳 농부들이 정당한 가격에 코코아를 판매하는 것은 매우 드문 일이다. 따라서 다른 작물을 심는 농부들도 많다.

새로운 시도

멕시코는 카카오 산업을 다시 활성화하기 위한 여러 계획을 내놓고 있다. 그중 미국 제과회사인 허쉬가 지원하는 사업이 있는데, 농부들을 교육하고 병해저항성이 있는 새로운 카카오 품종을 도입하는 내용이 골자다.

　코코아 농가를 중심으로 개선의 조짐이 보이긴 하지만, 초콜릿 제품에 대한 내수 수요의 증가가 새로운 압력으로 작용하고 있어 완전히 회복되기까지는 아직 갈 길이 멀다.

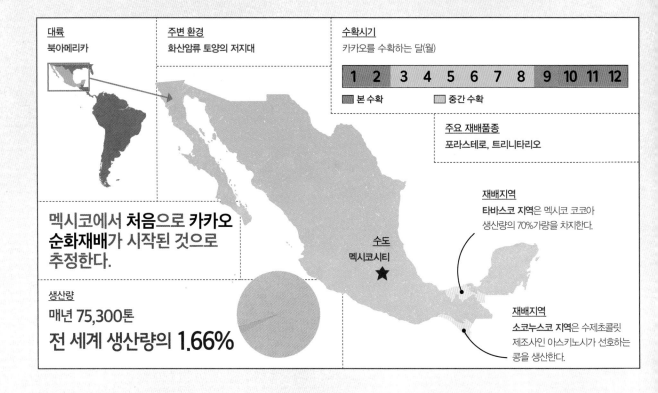

대륙
북아메리카

주변 환경
화산암류 토양의 저지대

수확시기
카카오를 수확하는 달(월)

| 1 | 2 | 3 | 4 | 5 | 6 | 7 | 8 | 9 | 10 | 11 | 12 |

■ 본 수확　　　　■ 중간 수확

주요 재배품종
포라스테로, 트리니타리오

멕시코에서 **처음으로 카카오 순화재배**가 시작된 것으로 추정한다.

생산량
매년 75,300톤
전 세계 생산량의 **1.66%**

수도
멕시코시티

재배지역
타바스코 지역은 멕시코 코코아 생산량의 70%가량을 차지한다.

재배지역
소코누스코 지역은 수제초콜릿 제조사인 아스키노사가 선호하는 콩을 생산한다.

코스타리카(COSTA RICA)

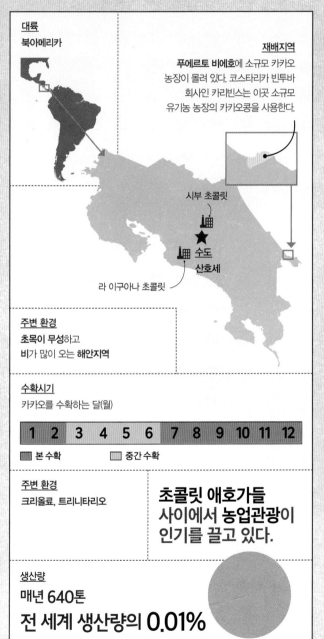

대륙
북아메리카

재배지역
푸에르토 비에호에 소규모 카카오 농장이 몰려 있다. 코스타리카 빈투바 회사인 카리빈스는 이곳 소규모 유기농 농장의 카카오콩을 사용한다.

시부 초콜릿

★ 수도
산호세

라 이구아나 초콜릿

주변 환경
초목이 무성하고
비가 많이 오는 **해안지역**

수확시기
카카오를 수확하는 달(월)

1	2	3	4	5	6	7	8	9	10	11	12

■ 본 수확   ☐ 중간 수확

주변 환경
크리올료, 트리니타리오

초콜릿 애호가들
사이에서 **농업관광**이
인기를 끌고 있다.

생산량
매년 **640톤**
전 세계 생산량의 **0.01%**

코코아와 관련된 역사가 깊은 코스타리카는 자연적이고 지속가능한 생산에 중점을 두고 있다. 유기농 농장과 농업관광이 미래의 성공 열쇠를 쥐고 있다.

코스타리카는 지리적 위치 때문에 마야문명의 주요 무역경로에 속했다. 기원전 400년경에 무역상들이 이곳에서 초콜릿을 먹었다고 추정되는 흔적이 발견되기도 했다. 이러한 역사적 유산에도 불구하고 코코아의 상업적 생산이 코스타리카 경제에 크게 기여한 적은 한 번도 없었다.

20세기 초에 '유나이티드 프루트 컴퍼니'가 병해로 초토화된 바나나 경작지에 카카오나무를 심었다. 당시 만들어진 농장에서 적은 양이지만 현재까지도 코코아가 생산된다.

수제초콜릿 제조자들

코스타리카의 코코아콩은 국내외 수제초콜릿 제조자 모두에게 인기가 많다. '시부 초콜릿'은 현지 코코아와 신선한 재료를 사용해 코스타리카 초콜릿을 만든다. 이들이 만든 제품은 최상품으로 인정받아 전 세계로 판매된다.

코스타리카의 주요 카카오 재배지는 카리브해 연안에 있는 푸에르토 비에호다. 그러나 대부분의 카카오는 '라 이구아나'처럼 가족이 운영하는 소규모 유기농 농장에서 재배된다. 서쪽의 태평양 연안 부근에 위치한 라 이구아나는 코코아파우더, 트뤼플, 판초콜릿 등 다양한 초콜릿 제품을 생산한다. 초콜릿 제품 판매수익으로 농장 수입을 보완하려는 것이다.

라 이구아나 같은 농장에게 관광은 매우 중요한 사업이다. 관광객들은 농장에 머물며 카카오를 수확하고 초콜릿을 만드는 일을 체험한다. 코스타리카에서는 이 같은 농업관광은 큰 인기다. 향후 '직접 경험해보는' 지속가능한 초콜릿 산업의 기반이 될 것으로 기대된다.

파나마(PANAMA)

파나마 농업경제에서 코코아가 차지하는 비중은 극히 일부에 불과하다. 그러나 파나마의 전통과 유산에서 초콜릿과의 관계는 빼놓을 수 없는 중요한 부분이다.

파나마와 코코아와의 관계는 유럽인들이 중앙아메리카에 오기 훨씬 전부터 시작되었다. 파나마 토착민인 쿠나 족은 오래 전부터 현지 코코아로 만든 음료를 마셨다. 건강에 상당히 좋은 진하고 달달한 음료다.

쿠나 족과 코코아
쿠나 족이 만든 코코아 음료에는 뜨거운 물과 향료가 들어간다. 질감과 단맛을 살리기 위해 조리한 바나나도 첨가했다. 최근 과학적 연구에 따르면, 코코아 음료를 하루에 4~5잔 마신 쿠나 족의 경우, 심장질환과 고혈압 발병률이 세계에서 가장 낮은 것으로 밝혀졌다. 반면, 코코아 음료를 그만 마시면 건강적인 효능도 함께 사라졌다.

이 결과를 토대로 하는 수많은 연구조사를 통해 코코아의 플라바놀 성분이 건강적인 효능이 있다는 사실이 밝혀졌다.

오늘날의 코코아 산업
파나마가 수출하는 코코아의 양은 적다. 그러나 천연자원과 전통을 최대한 활용하고 있으며, 농업관광업도 성장하고 있다. 파나마의 수출용 코코아는 대부분 북부의 보카스델토로 지역에서 생산된다. 이곳의 코코아는 전 세계 수제초콜릿 제조자들에게 좋은 평판을 받고 있다.

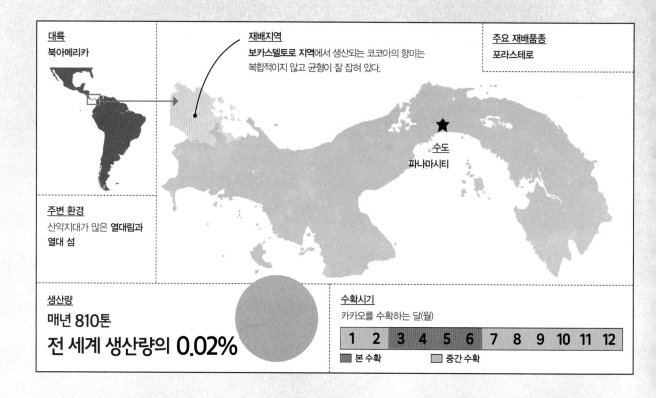

대륙
북아메리카

재배지역
보카스델토로 지역에서 생산되는 코코아의 향미는 복합적이지 않고 균형이 잘 잡혀 있다.

주요 재배품종
포라스테로

수도
파나마시티

주변 환경
산악지대가 많은 **열대림**과 **열대 섬**

생산량
매년 **810톤**
전 세계 생산량의 **0.02%**

수확시기
카카오를 수확하는 달(월)

| 1 | 2 | 3 | 4 | 5 | 6 | 7 | 8 | 9 | 10 | 11 | 12 |

■ 본 수확   ■ 중간 수확

하와이(HAWAII)

고립된 지리적 위치와 제한적인 코코아 생산량에도 하와이 초콜릿 산업과 카카오 재배는 활기를 띠고 있다. 한해 수확된 코코아는 전부 현지 초콜릿 회사들이 사용하고 있다.

태평양 한가운데 위치한 섬들로 구성된 하와이는 미국에서 유일하게 카카오가 자라는 주다. 기후와 위치, 지리적 조건이 카카오 재배와 발효에 녹록치 않아 코코아 향미가 가변적인 편이다.

1850년에 카카오를 처음으로 하와이에 들여온 것은 독일 식물학자 윌리엄 힐브랜드(William Hillebrand)다. 그는 오아후 섬의 한 식물원에 하와이 최초로 카카오나무를 심었다. 이후 상업적인 카카오 재배가 시작된 것은 1990년대에 들어와서다.

카카오 수요의 증가

하와이에서 상업적 카카오가 재배되는 면적은 80헥타르 미만이다. 이 중 거대 식품기업 '돌'이 운영하는 와이아루아 농장의 규모가 가장 크다. 이 밖에도 하와이 전역에 걸쳐 소규모 농장들이 즐비해 있다. 이들이 만든 코코아콩은 점점 늘고 있는 현지 수제초콜릿 제조자들과 트리투바 회사인 '오리지널 하와이안 초콜릿 팩토리'에 판매된다 (64~65쪽 참조). 그러나 현지 코코아 농장만으로 증가하는 고급초콜릿 수요를 감당할 수 없어서 일부 초콜릿 회사들은 수입 코코아로 부족분을 보충하고 있다.

한편, 전문가들은 향후 코코아 산업 발전이 하와이 경제에 수백만 달러를 안겨줄 것으로 보고 있다.

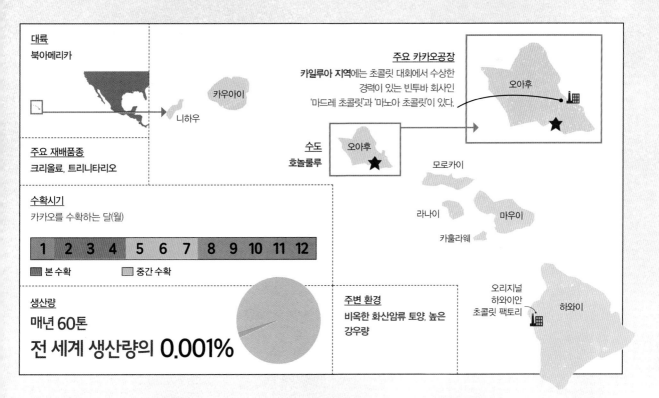

대륙
북아메리카

주요 카카오공장
카일루아 지역에는 초콜릿 대회에서 수상한 경력이 있는 빈투바 회사인 '마드레 초콜릿'과 '마노아 초콜릿'이 있다.

카우아이

니하우

오아후

주요 재배품종
크리올료, 트리니타리오

수도
호놀룰루

오아후

모로카이

수확시기
카카오를 수확하는 달(월)

| 1 | 2 | 3 | 4 | 5 | 6 | 7 | 8 | 9 | 10 | 11 | 12 |

■ 본 수확   ■ 중간 수확

라나이

마우이

카훌라웨

생산량
매년 60톤
전 세계 생산량의 0.001%

주변 환경
비옥한 화산암류 토양, 높은 강우량

오리지널 하와이안 초콜릿 팩토리

하와이

숨겨진 이야기 | 킴 러셀(Kim Russell)

카카오 농부

킴 러셀은 그레나다 북서부에 위치한 '크레이피쉬 베이' 농장에서 유기농 카카오를 재배한다. 면적이 6헥타르에 달하는 경작지에서 현지 인부들과 함께 카카오 열매를 수확하고 가공 처리까지 해 국내외 초콜릿 제조자에게 판매한다. 농장에서는 이곳 전통음식인 '코코아 롤'도 판매하는데, 이때 사용하는 코코아닙스도 직접 만든다.

> 수익의 90%를 현지 인부들에게 나누어준다.
>
> - - - - - - - - - - - - - - -
>
> 카카오 이외에도 얌, 바나나, 육두구, 감귤, 망고를 재배한다.

킴 러셀과 그의 아내 릴레트는 그레나다 북서부에 땅을 매입해 카카오 농장으로 바꾸었다. 사용하지 않던 건물들을 부수어 공터로 만들고 이곳에 카카오를 심은 것이다. 카카오 재배 경험이 없던 러셀은 현지인들의 도움을 받아 재배, 발효, 건조에 대한 지식을 쌓았다.

러셀은 농장 인부들과 매우 특이한 형태의 계약을 맺었다. 이곳 지역의 인부들에게 농장 운영권(재배, 수확, 고용, 교육)을 주고, 농장을 관리한 대가로 인부들에게 코코아 판매 수익의 90%를 준다. 코코아 이외에 농장에서 재배하는 바나나, 감귤, 얌, 망고 등의 작물은 현지인들에게 나눠준다. 러셀은 자신의 작업방식이 인증기관에 돈을 내는 일반적인 공정무역보다 더욱 순수한 형태의 공정무역이라 믿는다.

그레나다 카카오 산업의 어려움

건물, 장비, 차량을 지속적으로 관리하고, 사업운영에 필요한 사무업무까지 보는 것은 결코 만만치 않다. 그러나 러셀에게는 사업을 이끌어나가는 데 필요한 수입을 충분히 확보하는 일이 가장 어려웠다. 그레나다와 같은 나라에서는 농부들이 정당한 가격에 코코아를 팔기 힘들기 때문에 대부분 추가적인 수입원이 필요하다. 간단히 말해 카카오 재배는 기본수요를 충족할 만큼의 돈벌이가 되지 못한다는 뜻이다. 따라서 이곳 청년들은 카카오 재배에 흥미가 없다. 그러다보니 그레나다 카카오 농부들의 평균 연령은 65세다. 카카오 농업을 이끌 다음 세대를 어디서 찾아야 할지 막막한 실정이다.

농장의 하루

카카오 수확과 육체노동은 현지인들이 도맡아하고, 카카오콩을 가공 처리하는 일은 러셀의 담당이다. 러셀의 하루 일과는 바쁜 일정으로 가득 차 있다. 먼저 건조하기 전의 코코아콩의 무게를 잰다. 그런 다음 코코아콩을 뒤집어주며 골고루 건조시킨다. 날씨에 맞춰 건조대를 열고 닫아야 한다. 한 번씩 코코아콩을 발로 휘저어주기도 한다. 이후 건조된 코코아콩의 무게를 재어 자루에 담는다. 이 밖에도 로스팅과 윈노윙 작업을 하고 코코아닙스도 만든다. 농장에서 판매하는 100% 순수 '코코아 롤'을 만들기 위해 코코아닙스를 그라인딩하기도 한다.

'코코아 롤' 만들기
킴 러셀은 코코아닙스를 반죽 형태로 간 뒤 향신료를 섞어 '코코아 롤'을 만든다. 코코아 롤에 우유, 설탕, 물을 섞으면 코코아 차가 완성된다.

발로 코코아콩 휘젓기
러셀은 전통방식으로 코코아콩을 건조시
킨다. 코코아콩을 발로 휘젓고 다니며 골
고루 건조되도록 뒤집어준다.

카카오 품종
크레이피쉬 베이 농장에는 다양한 카
카오 품종이 자란다. 품종에 따라 품질
도 달라진다. 발효가 끝난 사진 속의 두
카카오콩은 색깔과 질감이 확연하게
다르다.

카카오 경작지
크레이피쉬 베이 농장에서는 카카오를 바나나무나 감귤나무와 같이 카카
오나무보다 큰 나무의 그늘에서 유기농 농법으로 재배한다.

인도네시아(INDONESIA)

인도네시아는 전 세계 코코아 생산량의 7%를 차지한다. 서 아프리카를 제외한 세계 최대의 코코아 생산국이다. 거대 한 군도 전역에 퍼져 있는 소규모 농장 중심으로 카카오 재배와 가공 처리가 독점적으로 이루어진다.

인도네시아는 17,000개 이상의 섬으로 이루어진 거대 한 군도로 카카오를 재배한 역사가 길다. 이곳에서 자 라는 최상급 크리올료 품종들은 1560년에 스페인이 들 여온 것으로 추정한다. 카카오를 상업적으로 재배하기 시작한 것은 20세기에 들어와서다.

다양한 생산지역

인도네시아는 브라질 다음으로 세계에서 다양한 생물 이 많이 서식하는 나라다. 토지면적도 넓어서 그만큼 재배환경이 다양하다. 코코아 재배면적은 150만 헥타 르에 달하며, 대다수가 소규모 농장이다.

카카오 생산량의 75%가 술라웨시 섬에서 생산된다. 인도네시아산 코코아는 대부분 밀크초콜릿을 만드는 데 사용하지만, 수제초콜릿 제조자들이 향미가 다양한 이곳의 코코아를 이용해 싱글 오리진 다크초콜릿을 만 들기도 한다. 수마트라, 자바, 발리, 파푸아를 비롯한 인 도네시아 전역에서 전 세계의 수제초콜릿 제조자와 고 급 초콜릿 회사에 코코아콩을 공급하고 있다.

미래에 예상되는 문제점

코코아는 인도네시아 주요 수출품목 중 하나로 최근에 생산량이 급격히 증가했다. 그러나 소규모 농장들이 생 산량 증대에 어려움을 겪고 있어 전망이 밝지만은 않 다. 노화된 카카오나무, 제한적인 비료 공급량, 열악한 농장 유지보수 상태 등과 같은 문제들이 코코아 산업 성장을 방해하고 있다. 인도네시아 정부는 다양한 사업 에 투자해 이러한 문제점을 타개하고 연간 100만 톤이 라는 목표 생산량을 달성하고자 노력하고 있다.

대륙
오세아니아

재배지역
수마트라 섬 북부 지역은 옅은 노란색의 최상급 카카오콩을 생산하는 것으로 유명하다.

인 도

수도
자카르타

재배지역
자바는 인도네시아 중앙에 위치한 섬이다. '윌리즈 카카오'와 '초콜릿 보나'가 자바 동부의 수라바야의 화산암류 토양에서 자라는 캐러멜 향의 코코아콩을 사용한다.

초콜릿 제조자들은 인도네시아의 다양한 지역에서 생산된 코코아콩을 사용한다

주변 환경

섬마다 지형이 다르지만, 일반적으로 **화산암류 토양**과 습한 **열대림**으로 이루어져 있다.

인도네시아는 코트디부아르, 가나에 이어 **세계 3위 코코아 생산국**이다.

수확시기

카카오를 수확하는 달(월)

1	2	3	4	5	6	7	8	9	10	11	12

■ 본 수확   ■ 중간 수확

주요 재배품종

트리니타리오, 포라스테로

특징적 향미

코코아콩을 **불로 건조**시켜 **훈제 향**이 난다.

재배지역

술라웨시 섬은 인도네시아 코코아 생산량의 4분의 3을 차지한다. 이곳에서 생산되는 카카오는 발효시키지 않은 하등품으로 코코아버터와 코코아파우더를 만드는 데 사용한다.

말레이시아

네   시   아

재배지역

인도네시아 동쪽 끝에 위치한 **파푸아 섬**은 옅은 색의 희귀 품종인 케라파트 교배종을 '오리지널 빈스'에 공급한다. 이 품종을 '벨란다'라고도 부른다.

동티모르

재배지역

자카르타에 기반을 둔 초콜릿 회사인 '피필틴 코코아'와 '아케슨즈 오가닉'이 **발리 섬**에서 생산된 코코아를 사용한다.

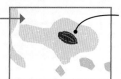

재배지역

수크라마 농장은 '아케슨즈 오가닉'에 트리니타리오 품종을 공급하는 소규모 농장이다.

습한 환경 때문에 코코아콩을 불로 건조 시킨다. 이때 나무와 코코넛을 태우거나 프로판을 이용해 불을 피운다.

생산량

매년 **290,300톤**
전 세계 생산량의 **7.45%**

필리핀(PHILIPPINES)

아시아 최초로 카카오 재배를 시작한 나라 중 하나인 필리핀은 이후 코코아의 매력에 완전히 빠졌다. 오늘날 필리핀 전통식 핫초콜릿은 그 어느 때보다 높은 인기를 누리고 있다.

17세기 말, 스페인은 기호음료인 코코아의 안정적인 공급을 위해 당시 식민지였던 필리핀에 카카오를 심기 시작했다. 오늘날 필리핀은 초콜릿 수요가 매우 많다. 코코아 수출량보다 훨씬 더 많은 양을 수입할 정도다.

아즈텍 방식의 초콜릿 음료
필리핀이 가장 좋아하는 '초코라테(tsokolate)'의 기원은 최초의 코코아 문화가 시작된 중앙아메리카에서 찾을 수 있다. 현지식 핫초콜릿인 초코라테는 고대 아즈텍 민족이 마시던 코코아 음료와 비슷한 방식으로 만든다. 카카오매스를 납작한 원통 모양으로 굳혀서 만든 '타블레아'를 뜨거운 물과 설탕과 섞어준다. 그런 다음 특수한 요리기구(몰리니요)를 이용해 질감이 매끈해질 때까지 휘젓는다. 아침식사에 곁들여 따뜻하게 마시는 것이 전통식이라면, 현대식은 우유로 희석시킨 뒤 땅콩가루로 향을 더한다. 오늘날 필리핀에서 생산되는 코코아 대부분은 내수용 타블레아를 만드는 데 사용한다.

수제초콜릿 산업의 성장
필리핀의 수출용 코코아는 일반적으로 대량재배 품종이다. 그러나 최근에는 최상급 코코아로도 빠르게 인지도를 높이고 있다.
　미국 수제초콜릿 제조자인 아스키노시는 필리핀 다바오 지역의 농부들과 협력해 만든 초콜릿으로 초콜릿 대회에서 상을 받았다. 다바오 농장과의 협력관계가 성공적인 결과를 낳자, 다른 초콜릿 제조자들도 다바오산 카카오에 투자하기 시작했다. 다바오에 기반을 둔 가족경영 회사인 '말라고스 초콜릿'은 세계적으로 인정받는 초콜릿을 생산하며, 지속가능한 농장의 운영방식을 교육하는 프로그램도 제공한다.

대륙
아시아

수도
마닐라

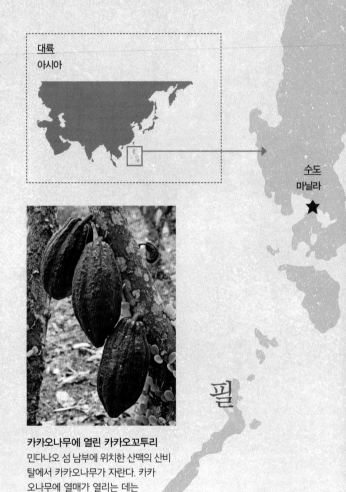

필

카카오나무에 열린 카카오꼬투리
민다나오 섬 남부에 위치한 산맥의 산비탈에서 카카오나무가 자란다. 카카오나무에 열매가 열리는 데는 3~5년이 걸린다.

필리핀 사람들은 아즈텍 방식의 핫초콜릿을 좋아한다

주변 환경
비가 많이 내리는 **열대기후인 산기슭**

재배지역
민다나오 섬의 다바오 지역은 해안에 위치한 탈로모 산맥의 산기슭 부근에서 자라는 코코아로 유명하다.

다바오

필리핀은 동남아시아 초콜릿산업의 주요 코코아 공급국으로 부상하고 있다.

수확시기
카카오를 수확하는 달(월)

| 1 | 2 | 3 | 4 | 5 | 6 | 7 | 8 | 9 | 10 | 11 | 12 |

■ 본 수확   ▨ 중간 수확

주요 재배품종
트리니타리오, 포라스테로

특징적 향미
은은한 **육두구** 향과 **향신료** 향

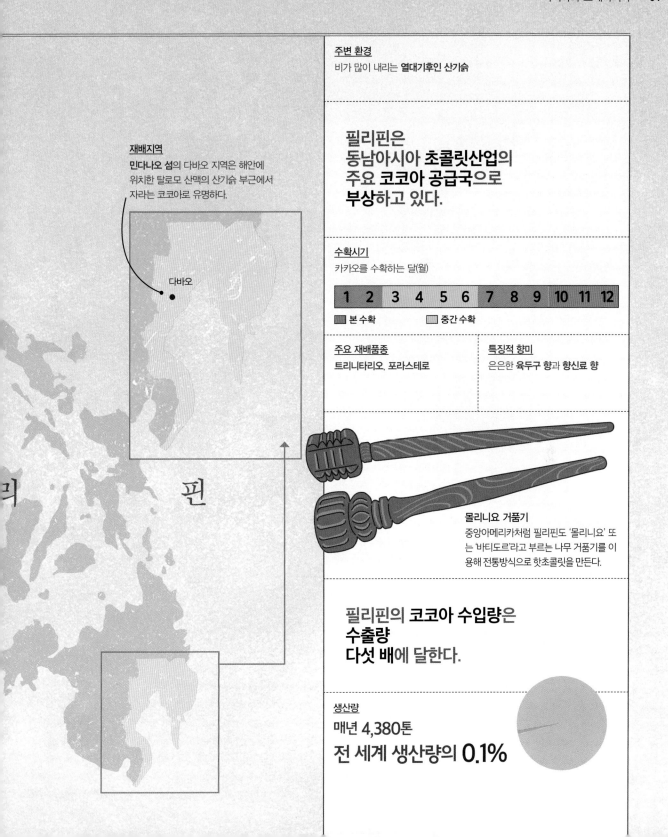

몰리니요 거품기
중앙아메리카처럼 필리핀도 '몰리니요' 또는 '바티도르'라고 부르는 나무 거품기를 이용해 전통방식으로 핫초콜릿을 만든다.

필리핀의 코코아 수입량은 수출량 다섯 배에 달한다.

생산량
매년 4,380톤
전 세계 생산량의 0.1%

베트남(VIETNAM)

대륙
아시아

수도
하노이

재배지역
베트남 남부에 카카오 농장이 몰려 있다.
메콩 삼각주의 비옥하고 기름진 충적토에서
카카오나무가 자란다.

주변 환경
고지대의 **화산암**과
삼각주의 **저지대**

호치민 시

수확시기
카카오를 수확하는 달(월)

1	2	3	4	5	6	7	8	9	10	11	12

■ 본 수확   □ 중간 수확

주요 재배품종
트리니타리오

**농업국가인 베트남에서
카카오의 생산량은
아직 적다.**

생산량
매년 **4,540톤**
전 세계 생산량의 **0.1%**

세계무대에 갓 진출한 베트남의 코코아 산업은 아직 규모가 작은 편이다. 그러나 한 현지 회사의 노력 덕분에 세계 최고급 초콜릿 생산국으로 자리매김하고 있다.

1800년대 말에 프랑스가 베트남에 카카오를 처음 들여왔지만, 1980년대에 이르러서야 소련의 지원을 받아 대량으로 재배하기 시작했다.

동구권을 위한 초콜릿
카카오 재배가 무르익을 시점인 1990년대에 소련이 사라져버리자, 베트남은 새로운 구매자를 찾아 나서야만 했다. 대규모 코코아 가공회사들이 베트남에 들어왔고, 인도네시아와 말레이시아 등지로 수출된 코코아는 제과용 초콜릿으로 대량 제작되었다. 최근에는 미국의 투자를 받는 '석세스 얼라이언스'가 베트남 코코아 무역에 참여해 수만 명의 소규모 생산자에게 지속가능한 재배 방식을 교육하고 있다.

지속가능성과 품질에 대한 새로운 관심

2011년, 두 명의 프랑스인 덕분에 전 세계 초콜릿 애호가들의 이목이 베트남 코코아로 쏠렸다. 사무엘 마루타(Samuel Maruta)와 뱅상 무루(Vincent Mourou)는 베트남 여행길에서 만났다. 두 사람은 한 카카오 농장을 방문하던 중 불현듯 '마루 초콜릿'을 설립하겠다는 생각이 들었다. 마루 초콜릿은 호치민 시에서 초콜릿을 생산하고 있다. 코코아콩은 부근의 메콩 삼각주에서 공수한다. 이들이 만든 싱글 이스테이트 초콜릿은 벤쩨, 띠엔장, 바리어 등 주요 재배지역 고유의 향미를 풍긴다.

파푸아뉴기니(PAPUA NEW GUINEA)

파푸아뉴기니는 과일 향과 훈제 향의 복합적인 향미를 풍기는 세계에서 가장 독특한 코코아를 생산한다.

파푸아뉴기니는 세계 최대 코코아 생산국 중 하나였지만, 2008년과 2012년 사이에 발생한 충해로 생산량이 감소했다. 이러한 감소추세에도 불구하고 독특한 훈제 향을 품은 파푸아뉴기니산 코코아콩은 여전히 수제초콜릿 제조자들에게 인기 있다.

처음부터 다시 시작

2008년과 2012년 사이에 발생한 충해로 카카오 재배를 그만둔 농부의 비율이 80%에 달했다. 카카오콩을 먹고 사는 가는나방과 천공충(cocoa pod borer)의 유충이 카카오 경작지를 초토화시킨 것이다. 이후 파푸아뉴기니 정부를 비롯한 코코아 생산기업들과 세계은행이 카카오 농부들의 재기를 도왔고, 이들의 투자 덕분에 수십만 그루의 묘목을 심을 수 있었다.

장작불에 건조시킨 코코아콩

파푸아뉴기니는 습도가 높고 강우량이 많아 코코아콩을 햇볕에 건조시킬 수 없다. 따라서 농부들은 햇볕 대신 장작불로 코코아콩을 건조시킨다. 아직 건조되지 않은 상태의 코코아콩은 따뜻한 공기에 떠다니는 연기 입자를 흡수해 바비큐 같은 향미를 갖는다. 사실 코코아콩에서 훈제 향이 나는 것은 상품적 결함과도 같다. 그러나 일부 수제초콜릿 제조자들은 훈제 향이 초콜릿의 매력을 배가시킨다고 생각한다.

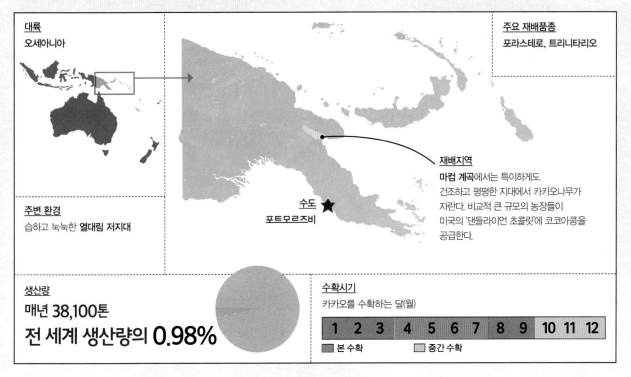

대륙
오세아니아

주요 재배품종
포라스테로, 트리니타리오

주변 환경
습하고 눅눅한 **열대림 저지대**

수도
포트모르즈비 ★

재배지역
마컴 계곡에서는 특이하게도 건조하고 평평한 지대에서 카카오나무가 자란다. 비교적 큰 규모의 농장들이 미국의 '댄들라이언 초콜릿'에 코코아콩을 공급한다.

생산량
매년 **38,100톤**
전 세계 생산량의 **0.98%**

수확시기
카카오를 수확하는 달(월)

| 1 | 2 | 3 | 4 | 5 | 6 | 7 | 8 | 9 | 10 | 11 | 12 |

■ 본 수확   ■ 중간 수확

인도(INDIA)

대륙
아시아

주변 환경
일 년 내내 우기가 지속되는 **열대성 환경**

★ 수도
뉴델리

재배지역
남부 지역은 몬순기에 재배가
어려운 편임에도 불구하고
인도의 주요 카카오 경작지다.

수확시기
카카오를 수확하는 달(월)

1	2	3	4	5	6	7	8	9	10	11	12

■ 본 수확   ■ 중간 수확

주요 재배품종
포라스테로

**카카오나무는 일반적으로
코코넛나무 옆에서 자란다.**

생산량
매년 **11,790톤**
전 세계 생산량의 **0.26%**

인도의 코코아 생산량은 전 세계 공급량의 1% 미만이지만, 원대한 목표를 세우고 있다. 현재 인도에서 생산하는 코코아 대부분은 영국 초콜릿 회사 '캐드버리'의 연구 결과물이다.

18세기에 영국이 인도에 소규모 농장을 몇 개 만든 것이 인도 카카오 재배의 시초가 되었다. 오늘날 인도의 초콜릿 수요는 계속 증가하고 있으며, 이에 발맞춰 안드라프라데시 주, 타밀나두 주, 케랄라 주, 카르나타카 주가 카카오를 생산하고 있다.

식민지 시대의 카카오 재배
인도의 코코아 역사는 영국과 깊은 연관이 있다. 영국 무역회사인 '이스트 인디아 컴퍼니'는 식민지 시대에 엘리트층을 위해 초콜릿을 만들었는데, 이 회사가 운영한 소규모 농장에서 크리올료 품종을 재배했다. 캐드버리가 카카오 재배를 연구하기 시작한 것은 20세기 중반에 들어서다.

당시 지배적이던 크리올료 품종은 생산성 높은 포라스테로 품종으로 빠르게 대체되었고, 1970년대에 카카오는 인도의 경제작물로 자리 잡게 되었다. 캐드버리(현재 몬델리즈 인터내셔널이 인수)는 현재 '코코아 라이프'라는 프로그램을 운영한다. 인도 남부 10만여 명의 코코아 농부들을 지원하는 사업이다.

국가 미래를 위한 초콜릿 산업
대부분의 인도산 코코아는 대규모 제과회사들의 손을 거쳐 내수용 제품으로 제작된다. 그러나 전 세계의 코코아 수요가 증가함에 따라 인도의 코코아 수출량도 늘어나고 있다. 그럼에도 인도산 코코아콩을 사용하는 고급초콜릿 회사는 극히 드물다. 이 중 호주 빈투바 초콜릿회사인 '조터'는 인도 케랄라 주에서 생산한 코코아콩을 이용해 싱글 오리진 초콜릿을 제작한다.

호주(AUSTRALIA)

아직 호주산 코코아콩으로 만든 초콜릿을 먹어본 적이 없겠지만, 이제 곧 먹게 될 것이다. 초콜릿 업계의 떠오르는 샛별, 호주는 코코아 생산량을 매년 두 배로 늘리고 있다.

적도에서 남쪽으로 경위 20도 지점에 위치한 호주의 퀸즐랜드는 세계 카카오 생장대의 경계선에 자리한다. 호주의 카카오 산업은 아직 대량재배를 하지 않는 작은 규모에 불과하지만, 조만간 크게 성장할 조짐을 보이고 있다.

카카오 산업의 개화

호주는 오래 전부터 카카오를 키웠지만, 대부분 다국적 제과회사나 정부 차원의 시범적 경작에 불과했다. 시범 농장에서 상업적 재배가 가능해진 것은 10여 년도 채 되지 않은 일이다. 그 흐름의 중심에는 파노스 퀸즐랜드 지역이 서 있다.

지역 차원의 산업 성장

현재 호주에서 생산한 카카오 전량은 내수용 제품으로 만들어진다. 퀸즐랜드에 기반을 둔 '데인트리 이스테이트'는 농장에서 직접 생산한 코코아콩으로 초콜릿, 커버추어, 코코아 차, 미용제품을 제작한다. 제품 판매가 증가하면서 회사 주주들도 이득을 보고 있다. 농부들은 해안선을 따라 즐비한 소규모 농장에서 카카오를 재배한다. 데인트리 이스테이트는 지역 차원의 사업에 집중함으로써 호주의 코코아 산업이 지속가능성과 유기농 농법을 준수하는 방향으로 성장하길 바라고 있다.

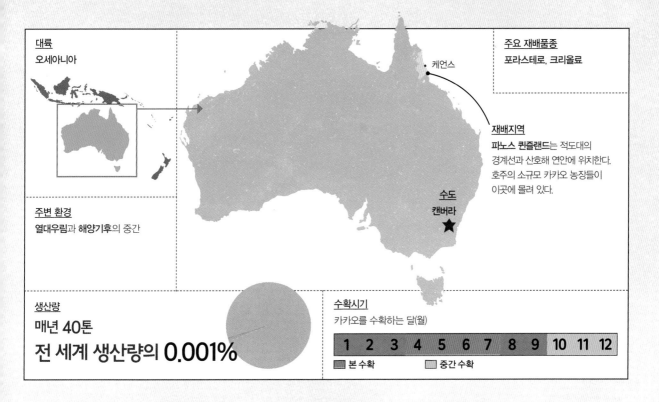

대륙
오세아니아

주요 재배품종
포라스테로, 크리올료

• 케언스

재배지역
파노스 퀸즐랜드는 적도대의 경계선과 산호해 연안에 위치한다. 호주의 소규모 카카오 농장들이 이곳에 몰려 있다.

주변 환경
열대우림과 **해양기후**의 중간

수도
캔버라

생산량
매년 **40톤**
전 세계 생산량의 **0.001%**

수확시기
카카오를 수확하는 달(월)

1	2	3	4	5	6	7	8	9	10	11	12

■ 본 수확　　■ 중간 수확

초콜릿 고르는 법

초콜릿은 어떻게 골라야 할까? 라벨을 해석하고, 성분을 분석하고, 품질이
좋은지 확인해서 최고급 초콜릿을 고르는 법을 배워보자.

진짜배기 초콜릿

너무도 먹음직스러운 초콜릿들이 눈앞에 펼쳐져 있다. 눈을 현혹하는 각양각색의 포장들과 수많은 제품 사이에서 어떻게 하면 좋은 제품을 고를 수 있을까? 이때 제조사와 품질표시를 확인하는 것만으로도 쉽게 좋은 제품을 고를 수 있다. 풍부한 향미, 지속성, 윤리성을 모두 갖춘 진짜배기 초콜릿을 말이다.

판초콜릿 고르기

빈투바 초콜릿과 고급초콜릿 시장이 급성장하면서 오늘날 맛 좋은 고급초콜릿을 더욱 쉽게 접할 수 있게 되었다. 하지만 수제초콜릿이 아닌데도 포장과 라벨이 비슷한 제품들이 있어서 혼란스럽기도 하다. 초콜릿 품질을 알아보는 가장 쉬운 방법은 구매 전에 내용물을 직접 눈으로 확인하고 맛보는 것이다(122~129쪽 참조). 하지만 이 방법을 시도할 수 있는 가게가 많지 않다. 그래서 초콜릿을 미리 먹어보지 않고도 품질을 확인할 수 있는 몇 가지 지표들을 정리해봤다. 제품을 선택하는 데 필요한 정보를 주고, 진짜 고급초콜릿을 가려내는 데 도움이 될 것이다.

라벨 확인하기

초콜릿 포장에 적힌 문구를 곧이곧대로 믿지 말자. 특히 '핸드메이드'와 같이 의미 없는 단어들은 무시해도 좋다. 모든 초콜릿이 제작과정에 기계를 이용한 공정을 포함하고 있다. 그 대신 코코아콩이나 빈투바 제조 방식을 설명하는 문구를 주목하자.

제조사 조사하기

이미 가게에 들어와 있는 상황이라면 하기 힘들겠지만, 제조사를 조사하는 것만큼 좋은 방법도 없다. 특히 빈투바 초콜릿을 만드는 회사라면, 웹사이트나 제품라벨에 관련 정보가 언급되어 있을 것이다. 사고 싶은 특정 제품이 있다면, 블로그나 음식 사이트에 올라온 후기를 찾아보자. 과연 좋은 선택일지 알아보는 데 도움이 될 것이다.

회사명이 확실해야 한다. 특히 재료 원산지와 제조과정이 투명한 빈투바 초콜릿을 고르면 좋다.

코코아 함량이 높아야 한다. 초콜릿 타입별 코코아 함량을 기억해두면 좋다(103쪽 참조).

코코아콩 원산지 이력을 추적할 수 있어야 한다. 이는 초콜릿에 사용한 코코아콩을 구매하는 데 제조자가 직접 참여했다는 것을 의미한다.

인증마크는 제조자가 공정무역 재료를 사용했다는 의미다(52~55쪽 참조). 가령 살충제를 최소한으로 사용했는지 알 수 있다(110~111쪽 참조).

뒷면에는 성분표시가 있다. 인공첨가물이나 팜유가 들어갔는지를 알 수 있다(101쪽 참조). 일반적으로 들어간 성분 수가 적을수록 좋은 제품이다. 제조자가 어떤 성분을 넣었는지 확인해보자.

코코아콩 품종을 명시한 제품도 있다. 라벨에 코코아콩 품종을 명기했다는 것은 제조자가 원산지를 확실히 알고 있다는 의미다.

초콜릿 고르기

초콜릿 전문점에서 한번 트뤼플, 봉봉, 쉘초콜릿을 구매해보자. 궁금한 것이 있으면 망설이지 말고 점원에게 물어보자. 쇼콜라티에가 어떤 재료를 사용했고 어떻게 초콜릿을 만들었는지 잘 알고 있을 테니 말이다. 대부분의 쇼콜라티에들은 기초재료를 직접 만들지 않고 시판용 커버추어 초콜릿을 사용한다. 그러므로 어디 제품을 사용했는지 물어보고, 그 제조사에 대해 알아보는 것이 좋다.

쉘초콜릿을 구매할 경우에는 보관할 수 있는 기한이 어떻게 되는지 물어보자. 고급초콜릿은 신선한 재료를 사용하고 방부제를 넣지 않기 때문에 보통 보관 기한이 1~2주다.

초콜릿의 성분과 제조과정을 반드시 물어보자

고급초콜릿에 완벽하게 템퍼링된 매끈한 초콜릿을 입혔다.

초콜릿 장식은 깔끔하게 마무리되어 있어야 한다.

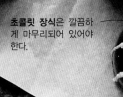

결함이 있는 초콜릿

초콜릿 표면에 하얀 반점이 있거나, 광택이 없이 푸석해 보이는 제품은 피하는 것이 좋다. 잘못된 온도에 보관해서 블룸(bloom)현상이 발생한 것이다. 초콜릿 보관온도가 너무 높으면, 코코아버터가 초콜릿 표면으로 녹아나온다. 반대로 온도가 너무 낮으면, 응결현상이 발생해 당분이 새어나온다. 초콜릿 색깔도 주의 깊게 살펴봐야 한다. 다크초콜릿은 진한 갈색이어야 한다. 만약 이보다 더 색깔이 어둡다면, 코코아가 탄 것이다.

초콜릿 표면에 나타나는 **블룸현상**은 잘못 보관했다는 것을 의미한다.

초콜릿 성분 분석하기

초콜릿 라벨에 명시된 성분표시가 복잡하게 느껴질 수 있다. 하지만 다크초콜릿에는 두 가지 성분만 들어가고, 밀크초콜릿에는 세 가지가 들어간다. 제조자가 선택한 재료와 조합에 따라 독특한 초콜릿이 완성된다.

코코아콩

코코아콩은 초콜릿의 핵심재료다. 모든 다크초콜릿과 밀크초콜릿의 가장 중심이 되는 재료이며, 초콜릿의 향미에 가장 큰 영향을 미친다. 코코아콩은 전 세계에서 생산되지만, 제과업계는 주로 서아프리카에서 대량생산되는 코코아콩을 사용한다. 고급초콜릿과 수제초콜릿을 만들 경우, 에콰도르, 베트남, 카리브해 지역에서 코코아콩을 공수하기도 한다. 마다가스카르와 같이 독특한 향미를 뽑내는 코코아콩으로 유명한 생산국도 있다.

코코아콩은 초콜릿 포장지에 코코아매스 또는 코코아 고형물(cocoa solids: 최종 산물로 판매할 때는 코코아파우더라고도 한다-옮긴이)로 명기되거나, 간단하게 코코아 또는 카카오로 표시될 때도 있다. 모두 그라인딩과 콘칭 과정을 거친 코코아콩을 가리킨다.

다양한 국가와 지역에서 생산된 **코코아콩**은 서로 비슷해 보이면서도 매우 다른 향미를 발산한다.

코코아콩은 모든 초콜릿의 핵심이다

함량표시는 무엇을 의미할까?

라벨에 명시된 '코코아 고형물' 함량은 초콜릿 속에 들어 있는 코코아콩과 코코아버터의 함량을 의미한다. 예를 들어 다크초콜릿에 '코코아 70%'라고 적혀 있다면, 65%의 코코아콩과 5%의 코코아버터가 함유되어 있는 것이다.

수제초콜릿 제조자들은 향미가 독특한 코코아콩을 추구한다. 따라서 농부와 직접 작업하는 경우가 많다.

코코아버터

코코아콩 속에 있는 코코아버터는 자연발생적으로 형성된 지방으로 코코아매스에서 추출한다. 녹인 코코아매스를 수압식 압착기로 눌러 촘촘한 그물망을 통과시키는 방식으로 코코아버터를 추출한다. 코코아버터는 대부분 사용 전에 탈취 처리를 한다. 탈취하지 않은 코코아버터가 코코아콩 고유의 향미를 더 발산하는데도 말이다.

많은 제조자들이 초콜릿의 부드러운 질감을 살리고 작업하기 쉬운 상태로 만들기 위해 코코아버터를 첨가한다. 제과용 초콜릿에는 코코아버터 대신 가격이 저렴한 지방이나 오일을 넣는다(아래 상자글 참조). 초콜릿 중에 코코아버터를 반드시 넣어야 하는 종류는 화이트초콜릿밖에 없다. 화이트초콜릿에는 코코아파우더가 들어가지 않기 때문이다.

코코아버터는 커다란 밀랍 벽돌 형태로 만든다. 대부분의 경우, 코코아콩 고유의 향미가 거의 사라진 상태다.

초콜릿 제조자와 쇼콜라티에는 **알갱이 형태의 코코아버터**를 선호한다. 벽돌 형태보다 훨씬 더 빨리 녹기 때문이다.

팜유 VS 코코아버터

제과업계는 초콜릿을 부드럽게 만들기 위해 코코아버터 대신 식물성지방을 넣는다. 주로 팜유를 사용하는데, 이에 대해 초콜릿 업계의 의견은 분분하다. 코코아버터보다 훨씬 저렴하지만, 환경오염과 심혈관 질환을 초래하기 때문이다. 유럽의 경우, 코코아버터 대신 식물성지방을 넣은 초콜릿을 '초콜릿'으로 명기하지 못하도록 법적으로 규정하고 있다. 대신 '컴파운드 초콜릿', '초콜릿류', '초콜릿 향 코팅 제품' 등으로 다양하게 표기해 판매한다.

설탕

설탕은 초콜릿을 만드는 데 코코아콩 다음으로 중요한 재료다. 코코아콩 고유의 짙은 향미를 먹음직스럽고 달콤한 당과로 바꾸는 중요한 역할을 한다. 일반적인 다크초콜릿의 설탕 함유량은 30~40%이고, 밀크초콜릿과 화이트초콜릿은 40% 이상이다. 부드러운 맛을 내는 사탕수수설탕을 일반적으로 사용하는데, 요즘에는 코코넛팜설탕(coconut palm sugar)이나 루쿠마(lucuma: 안데스 계곡에서 재배되는 아열대 과일-옮긴이) 파우더와 같은 대체 설탕이 인기를 얻고 있다.

수제초콜릿에는 보통 **사탕수수설탕**이 들어간다. 맛이 부드러워 초콜릿 고유의 향미를 해치지 않는다.

분말우유

분말우유는 밀크초콜릿과 화이트초콜릿의 핵심재료다. '유고형분'으로도 알려져 있다. 초콜릿에는 보통 우유를 넣지만, 산양유나 면양유를 넣기도 하며, 낙타유로 만든 초콜릿도 시중에서 구할 수 있다. 채식주의자를 위해 우유 대체품을 넣은 초콜릿도 있다.

분말우유는 밀크초콜릿과 화이트초콜릿에 크림 같은 질감과 약간의 단맛을 더해준다.

기타 성분들

초콜릿 성분 중에는 필수적이진 않지만 넣으면 유용한 재료들이 있다.

바닐라파우더는 향미료 역할을 한다. 어떤 제조자들은 곰팡이가 피거나 값싼 코코아를 사용한 사실을 숨기기 위해 바닐라파우더를 넣기도 한다. 일반적으로 다크초콜릿에는 필요 없지만, 화이트초콜릿을 만드는 데는 중요한 재료다.

레시틴은 콩과 해바라기씨에서 추출한 유화제다. 코코아버터의 코코아입자와 당분을 결합시켜 초콜릿을 부드러운 크림 질감으로 만드는 역할을 한다.

올바른 성분 배합

초콜릿 제조자들이 가장 먼저 하는 일은 최상급 코코아콩을 공수하는 것이다. 그런 다음 코코아콩을 이용해 싱글 오리진 초콜릿을 만든다. 여기에 새로운 재료나 향미료를 섞는 시도를 하기도 한다. 수제초콜릿 제조자들은 유행에 맞게 재미있는 시도를 통해 색다른 레시피를 만들어낸다.

새로운 레시피 만들기

모든 레시피의 성공은 좋은 재료에서부터 시작된다. 이 진리는 초콜릿에도 해당된다. 초콜릿 제조자들은 코코아콩이 가진 최상의 향미를 끌어낼 수 있는 완벽한 레시피를 찾아 다양한 시도를 한다. 로스팅 온도와 콘칭 시간을 바꿔보고, 다른 코코아콩과 혼합도 해보고, 배합 비율을 바꿔보기도 한다.

초콜릿 제조자들은 원산지가 다른 코코아콩을 섞어서 색다른 향미를 개발한다. 향미가 완전히 대비되는 코코아콩을 두 개 이상 혼합하기도 한다. 하나의 초콜릿에 여러 코코아콩의 개별적 향미가 모두 살아 있는 제품이 탄생하는 것이다. 코코아콩을 섞는 것은 하나의 예술이다. 그러나 하등급 코코아의 결함을 숨기려고 코코아콩을 섞는 제조자도 있다. 이러한 이유로 순수주의자들은 코코아콩 본래의 향미를 그대로 느낄 수 있는 싱글 오리진 다크초콜릿을 선호한다.

오늘날 수제초콜릿 제조자들은 재미있는 시도를 많이 한다. 설탕을 빼고 밀크초콜릿을 만드는 것부터 시작해서 분말우유 대신 과일이나 곤충을 갈아 만든 분말을 넣기도 한다. 새로운 레시피를 통해 미식 세계의 지평을 넓히는 것이다.

초콜릿 성분의 배합 비율

초콜릿은 종류에 따라 주요성분의 비율이 다르다. 기본적인 배합 비율은 다음과 같다. 다음 장에서는 더욱 광범위한 스펙트럼을 자랑하는 다크초콜릿, 밀크초콜릿, 화이트초콜릿을 살펴볼 예정이다.

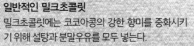

일반적인 다크초콜릿
다크초콜릿의 성분은 코코아콩과 설탕이 전부다. 여기에 코코아버터를 조금 넣기도 한다.

일반적인 밀크초콜릿
밀크초콜릿에는 코코아콩의 강한 향미를 중화시키기 위해 설탕과 분말우유를 모두 넣는다.

일반적인 화이트초콜릿
화이트초콜릿에는 코코아콩이 들어가지 않는다. 대신 코코아버터, 분말우유, 설탕이 들어간다. 향미료로는 주로 바닐라를 사용한다.

다크 초콜릿의 스펙트럼

코코아콩과 설탕, 단 두 가지 재료만으로 완성되는 다크초콜릿은 구성이 단순한데도 놀라울 정도로 다양한 제품이 시중에 나와 있다. 싱글 오리진 초콜릿과 심혈을 기울인 혼합 제품 모두 희석되지 않은 코코아콩 본연의 짙은 향미를 자아낸다.

100% 코코아

순수 초콜릿

다크초콜릿은 심플푸드(화학적 첨가물을 최소화하고 원료를 단순화한 식품-옮긴이) 이면서도 굉장히 향미가 복잡하다. 고급 빈투바 다크초콜릿은 코코아 고형물 함량이 매우 높다. 초콜릿 향미를 극대화하기 위해서다. 분말우유도 들어가지 않아서 코코아콩의 향미에 집중하기 더욱 좋다. 초콜릿 향미의 불완전함과 깔끔함 사이의 균형을 잡는 우유를 생략하는 대신, 미분쇄와 콘칭 과정에서 밀크초콜릿을 만들 때보다 긴 시간을 투자한다. 완벽한 향미를 완성하기 위해 수일을 투자하는 경우도 있다.

수제초콜릿 제조자들은 특정 카카오 농부들과 지속적으로 관계를 맺는 경우가 많다. 자신만의 독창적인 싱글 오리진 초콜릿을 생산하기 위해서다. 이들의 목표는 선택한 카카오콩에서 최상의 향미와 식감을 이끌어내는 것이다. 일반 제조자의 경우, 추가 성분을 이용해서 초콜릿의 향미와 식감을 조절한다.

순수한 본연의 향미

제과용 초콜릿에 입맛이 길들여져 있다면, 다크초콜릿에 익숙해지는 데 시간이 걸릴 것이다. 하지만 그럴만한 가치가 있다. 다크초콜릿이 선사하는 깊고 복합적인 향미의 세계에 빠져보자. 초콜릿을 가장 순수한 본연의 형태로 즐길 수 있는 기회다. 처음에는 카카오 함량이 낮은 제품이나 다크밀크초콜릿(106~107쪽 참조)으로 시작해서 점차 수위를 높여가면 된다.

100% 다크초콜릿

설탕이나 향미료를 첨가하지 않고 오로지 코코아콩만으로 만든 100% 다크초콜릿은 궁극적인 코코아콩의 향미를 선사한다. 쓴맛을 없애고 부드러운 식감을 주기 위해 카카오버터를 첨가하기도 한다.

품질적 특징

- **순수 초콜릿**은 쓴맛이 살짝 나면서도 코코아의 강렬함 덕분에 코코아콩의 풍부한 향미가 온전히 느껴진다.
- **고급 다크초콜릿**은 깊고 진한 갈색이다.

40~50%
설탕

50~60%
코코아

30%
설탕

65% 코코아

5%
향미료

60~70%
코코아

30~40%
설탕

미분쇄하지 않은 다크초콜릿

미분쇄하지 않은 다크초콜릿은 전통적으로 석재 그라인더를 사용해서 최소한의 과정만을 거쳐 만들어진다. 콘칭 과정을 거치지 않는 대신 입자를 최대한 작게 만들기 위해 코코아콩과 설탕을 석재 그라인더로 거칠게 간 뒤 그대로 몰드에 넣어 굳힌다.

품질적 특징

• 미분쇄하지 않은 다크초콜릿은 질감이 비스킷처럼 바삭하며, 부러뜨리면 살짝 바스러지는 경향이 있다.

향미료를 첨가한 다크초콜릿

향미료를 첨가한 다크초콜릿을 만들 때는 코코아콩 본연의 향미와 어울리는 재료나 이를 보완해줄 수 있는 재료가 필요하다. 제조자들은 향신료나 동결 건조한 과일분말과 같은 향미료를 콘칭 단계에서 초콜릿에 첨가한다.

품질적 특징

• 향미료는 코코아 천연의 향미를 부드럽게 보완해주면서도 향미료 자체의 향도 느껴질 정도로 강해야 한다.

• 수제초콜릿 제조자들은 현지를 비롯한 세계 전역에서 향미료를 공수한다.

대체설탕을 첨가한
다크초콜릿

몇 년 전부터 일부 제조자들이 사탕수수설탕 이외에 다른 감미료를 넣기 시작했다. 코코넛팜설탕이 가장 대표적인 예다. 혈당지수가 낮고, 초콜릿과 어울리는 구운 코코넛 향미가 은은하게 난다.

품질적 특징

• 대체설탕이 완성된 초콜릿의 질감에 영향을 미쳐서는 안 된다. 초콜릿에 대체설탕이 들어가도 여전히 표면이 부드럽고 매끈해야 한다.

밀크초콜릿의 스펙트럼

1875년 스위스 쇼콜라티에 다니엘 피터가 발명한 밀크초콜릿은 부드러운 맛과 넉넉한 보관 기한 덕분에 단숨에 큰 성공을 거두었다. 오늘날 전 세계 초콜릿의 40%가 밀크초콜릿이다. 현재 다양한 밀크초콜릿이 소비되고 있으며, 그 종류는 계속 늘어나고 있다.

25~35%
분말우유

25~35%
설탕

25~35%
코코아

일반적인 밀크초콜릿

저렴한 제과용 초콜릿 제품이 늘어나면서 밀크초콜릿에 대한 부정적인 이미지가 굳어졌다. 그러나 부드러운 질감과 풍부한 향미가 조화를 이루는 고급 밀크초콜릿은 여전히 사랑받아 마땅한 제품이다.

품질적 특징

- 밀크초콜릿에는 식물성지방이나 인공 향미료가 들어가면 안 된다.
- 고급 밀크초콜릿은 진한 황갈색이며, 부러뜨렸을 때 '탁' 하는 소리가 나야 한다.

밀크초콜릿의 주성분, 우유

많은 사람들이 초콜릿과 우유는 천상의 조합이라고 생각한다. 하지만 코코아와 수분은 천성적으로 가까운 관계가 아니다. 이 둘을 완벽하게 혼합시키려면 우유를 응축시킨 후 설탕과 코코아닙스를 섞어야 한다. 이렇게 만든 '초콜릿 크럼(crumb)'이 그라인딩과 콘칭 과정을 거쳐 비로소 초콜릿이 되는 것이다. 향미를 증진시키기 위해 바닐라를 첨가하기도 하며, 재료들이 서로 엉겨붙도록 유화제를 넣기도 한다. 또한 일반적으로 초콜릿을 작업하기 쉬운 상태로 만들기 위해 코코아버터를 첨가한다. 저렴한 제과용 초콜릿에는 코코아버터 대신 식물성지방을 넣는다.

밀크초콜릿의 설탕 함유량이 다크초콜릿보다 훨씬 더 높지는 않다. 밀크초콜릿이 더 달게 느껴지는 것은 우유 속에 천연당분인 젖당이 들어 있기 때문이다.

밀크초콜릿이 수제초콜릿 제조자들의 손을 거쳐 재탄생되고 있다

오늘날 초콜릿 업계는 새로운 밀크초콜릿을 만들려는 시도가 활발하다. 코코아 함량을 높여 다크밀크초콜릿을 만드는가 하면, 개인의 취향대로 고를 수 있는 다양한 동물의 젖을 넣기도 하고, 다이어트에 좋은 제품을 만들기도 한다.

50~70%
코코아

20~25%
설탕

20~25%
분말우유

30% 코코아

30%
분말우유

5%
향미료

35% 설탕

50~70%
코코아

20~25%
설탕

20~25%
대체우유

다크밀크초콜릿

다크밀크초콜릿은 일반적인 밀크초콜릿과 다크초콜릿의 중간이다. 일반적인 밀크초콜릿보다 코코아 함량이 높다. 다크초콜릿의 쓴맛을 우유가 중화시켜주기 때문에 다크초콜릿만의 더욱 진한 코코아 향미를 느껴보고자 하는 밀크초콜릿 애호가들에게는 안성맞춤이다.

품질적 특징

• **다크밀크초콜릿**은 깊은 갈색이며, 풍부하고 묵직한 코코아 향미가 느껴져야 한다.

향미료를 첨가한 밀크초콜릿

향미료로 초콜릿의 맛을 강화하고 보완하는 방법은 두 가지다. 먼저 동결 건조한 과일분말, 향신료 등 분말 향미료를 콘칭 과정에서 넣는 방법이 있다. 또는 초콜릿에서 강렬한 향미가 뿜어져 나오길 바란다면, 과일조각이나 바다소금 플레이크와 같은 첨가물을 템퍼링 직후에 넣어 혼합시키면 된다.

품질적 특징

• **향미료**는 코코아콩의 향미를 부드럽게 보완해 균형 잡힌 향미를 완성시킬 수 있어야 한다.

대체우유로 만든 밀크초콜릿

초콜릿에 소 말고, 다른 동물의 젖을 넣어 향미와 질감에 변화를 주는 제조자들도 있다. 특히 산양유나 면양유가 인기가 많으며, 버펄로 젖을 가공한 것은 지방 함량이 높아 초콜릿을 매우 걸쭉한 크림처럼 만들어준다. 채식주의자이거나 유제품 알레르기가 있다면, 아몬드, 코코넛, 라이스밀크를 넣은 초콜릿을 시도해보길 권한다.

품질적 특징

• 산양유처럼 **향미가 강한** 것은 코코아 함량을 높여 균형을 맞춰주어야 한다.

화이트초콜릿의 스펙트럼

화이트초콜릿은 코코아파우더를 만들고 남은 코코아버터를 처리할 목적으로 1930년대에 처음 만들기 시작했다. 오늘날에 이르러 화이트초콜릿에 어울리는 새로운 향미를 찾으려는 시도가 끊이지 않고 있어서 이전보다 훨씬 다양한 제품을 맛볼 수 있게 되었다.

20~30%
분말우유

35%
코코아버터

35~45%
설탕

일반적인 화이트초콜릿

일반적인 화이트초콜릿은 부드러운 코코아버터, 설탕, 크림 같은 분말우유가 부드럽게 조합되어 있다. 기본적인 향미가 단조롭기 때문에 바닐라파우더를 첨가하는 경우가 많다.

품질적 특징

- **화이트초콜릿**의 색은 옅은 아이보리와 밝은 금색의 중간이다.
- 탈취 처리하지 않은 코코아버터를 사용한 **수제 화이트초콜릿**은 은은한 향미를 풍기는데, 이 향미가 다른 재료에 묻혀서는 안 된다.

코코아를 둘러싼 논란

화이트초콜릿이 진짜 초콜릿인가에 대한 논란은 처음부터 있었다. 화이트초콜릿의 주성분은 코코아버터, 설탕, 분말우유로 코코아 고형물이 들어가지 않는다. 바로 이 점 때문에 논란이 시작된 것이다. 코코아버터는 코코아콩 중량의 54%를 차지하지만, 정작 코코아 향미는 겨우 식별할 수 있을 정도로만 희미하게 난다. 그러나 이 모든 논란도 화이트초콜릿을 좋아하기만 한다면 큰 문제가 되지 않을 것이다.

버터와 함께라면 금상첨화

100% 코코아콩으로 만든 코코아매스를 녹인 뒤 수압식 압착기로 눌러 촘촘한 그물망을 통과시키면 코코아버터를 얻을 수 있다. 코코아버터가 걸러지고 그물망에 '코코아 케이크'가 남게 되는데 이것이 바로 코코아파우더를 만드는 데 사용하는 코코아콩의 고형물이다.

상업용 코코아버터는 그 다음 단계에서 '탈취' 처리를 한다. 천연 코코아 향을 제거하는 작업이다. 화이트초콜릿에 사용할 코코아버터에는 설탕과 분말우유를 혼합시키며, 보통 분말 향미료도 첨가한다. 코코아버터 자체에는 향미가 거의 없기 때문에 새로운 향미와 질감을 만들기에 좋은 바탕이 된다. 고형 향미료와 착향료도 많이 사용한다. 한편, 수제초콜릿 제조자들은 탈취 처리를 하지 않은 코코아버터를 사용해 화이트초콜릿에 코코아콩 고유의 맛을 좀 더 담아내려는 시도를 하고 있다.

30~40%
설탕

40%
코코아버터

20~30%
분말우유

30%
분말우유

30~35%
설탕

30%
코코아버터

5~10%
향미료

30%
분말우유

5~10%
향미료

30~35%
코코아버터

30~35% 설탕

캐러멜라이즈드
화이트초콜릿

제조자들은 '캐러멜라이즈드 화이트초콜릿'을 만들기 위해 초콜릿에 열을 가해 설탕을 캐러멜화시키기 시작했다. '블론드(blond) 초콜릿'이라고도 부르며, 초콜릿에서 시럽과 비슷한 단맛과 그을린 맛이 난다.

품질적 특징

- **캐러멜라이즈드 화이트초콜릿**은 퍼지(fudge)와 매우 비슷한 옅은 금색이다. 입안에 넣었을 때 부드럽게 느껴지며 부러뜨렸을 때 '탁' 하는 깔끔한 소리가 난다.

고형 향미료를
첨가한 화이트초콜릿

고형 향미료는 화이트초콜릿 본연의 단조로운 맛에 가미를 하고자 하는 제조자들이 많이 찾는 재료다. 초콜릿을 템퍼링한 뒤에 건조과일, 견과류, 식용 꽃, 코코아닙스 등의 고형 향미료를 첨가하면 된다.

품질적 특징

- **고형 향미료**는 초콜릿의 부드러운 질감과 단맛을 보완해주는 역할을 해야 한다.

향미료를 첨가한
화이트초콜릿

화이트초콜릿은 하얀 도화지 같아서 향미료나 색소를 첨가하기 알맞다. 제조자들은 그라인딩과 콘칭 단계에 분말 향미료나 방향유를 첨가해 향미를 더한다.

품질적 특징

- **분말 향미료**가 초콜릿의 매끈한 질감에 영향을 주어서는 안 된다.
- **화이트초콜릿**에 말차나 동결 건조한 베리류 분말과 같은 다채로운 색의 향신료를 넣으면 외관이 화려해진다.

유기농 초콜릿이란?

초콜릿 성분과 원산지, 윤리적이고 친환경적인 제조과정에 관심을 갖는 소비자가 늘고 있다. 현재 유기농 코코아의 생산량은 많지 않지만, 수요가 증가함에 따라 공급량도 점차 늘고 있는 추세다.

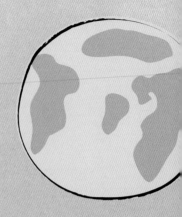

'유기농'이란 무엇일까?

'유기농'에 대한 구체적인 정의는 많지만, 일반적으로는 화학제품이나 인공비료를 사용하지 않은 작물을 가리킨다. 유럽, 미국, 오스트랄라시아는 제품 라벨에 '유기농'이라는 단어를 넣는 것을 엄격히 규제하고 있다. 유기농이라고 적힌 제품의 유기농 재료 함유량은 최소 95% 이상이어야 하며, 공인된 기관의 인증을 받아야 한다.

전 세계에 유기농 코코아는 얼마나 있을까?

국제코코아기구(ICCO)에 따르면, 유기농 코코아는 전 세계 코코아 생산량의 0.5%에 불과하다. 유기농 코코아 생산국은 마다가스카르, 볼리비아, 브라질, 코스타리카 등으로 대부분 최상급 코코아를 공급하는 나라다. 특히 전체 코코아 생산량의 대부분을 차지하는 코트디부아르와 가나는 유기농 코코아 생산국 목록에 포함되지 않는다.

유기농은 왜 중요할까?

유기농 초콜릿의 가장 큰 혜택은 환경 친화적인 부분이다. 대다수의 카카오 농부들이 교육수준이 낮은 환경에서 빈곤한 삶을 살아간다. 농부들은 수확량이 크게 늘릴 수 있다는 이점 때문에 비료와 살충제를 사용한다. 그러다보니 적절한 교육과 관리가 뒤따르지 않는다면 화학제품을 오용할 우려가 있다. 농부의 건강은 물론 환경에도 악영향을 미치며, 초콜릿에까지도 화학물질이 유입될 위험이 있다.

유기농 코코아는 왜 많지 않을까?

유기농 작물의 가격이 높아지면 농부들도 유기농 재배를 하려 할 것이다. 유기농 코코아가 수제초콜릿 제조자들과 연관이 깊은 것도 이 때문이다. 이들은 품질을 최우선으로 여기기 때문에 돈을 더 지불하고서라도 유기농 코코아를 구입한다. 그러나 대다수의 유기농 인증기관이 코코아 농부에게 수수료를 요구하는데, 소규모 생산자 입장에서 유기농 인증마크로 얻는 혜택보다 수수료로 인한 손해가 더 큰 실정이다.

인증을 받지 않은 유기농 초콜릿도 있을까?

유기농 인증마크만 없을 뿐 유기농 기준을 모두 충족시키는 초콜릿 제품도 있다. 특히 제조자와 농부가 가능한 최고의 제품을 만들기 위해 함께 노력하는 수제초콜릿 업계가 이에 해당한다.

로우 초콜릿

로우 초콜릿(raw chocolate)은 로스팅 과정을 거치지 않은 코코아콩으로 만든 제품이다. 풍부한 항산화물질 덕분에 건강에 좋다고 알려져 많은 인기를 얻고 있다. 낮은 온도에서 제조하기 때문에 코코아콩 속에 자연 발생한 항산화 물질이 끝까지 보존된다. 오늘날 판초콜릿, 분말, 알갱이 등의 다양한 형태로 시중에 판매되고 있다.

로우 초콜릿 제작과정

로우 초콜릿은 로스팅하지 않은 코코아콩으로 만드는데, 바로 이 점 때문에 초콜릿 전문가들 사이에서 논란이 되고 있다. 로우 초콜릿 제조자들은 건강에 좋은 항산화물질과 미네랄이 일반 초콜릿보다 많이 들어 있다고 홍보한다.

　아쉽게도 '로우'라는 용어의 합법적 정의가 정립되어 있지 않기 때문에, 로우 초콜릿 제품을 어떻게 만드는지 알기 힘들다. 그러므로 로우 초콜릿을 구매하기 전에 제조자에 대해 알아보는 것이 좋다. 로우 초콜릿의 생명은 위생이다. 살균기능을 하는 로스팅 단계를 생략하기 때문에 위생적인 환경에서 카카오콩을 재배, 선별, 가공하는 것이 상당히 중요하다.

로우 초콜릿은 건강식품일까?

제조자들은 로우 초콜릿이 로스팅한 초콜릿보다 더 몸에 좋다고 주장한다. 로우 푸드(raw food)가 건강한 식생활과 연관이 있다는 잘 알려진 사실을 내세워 로스팅하지 않은 코코아콩도 건강에 좋다고 말하고 싶은 것이다. 설탕 대신 아가베 시럽이나 루쿠마 파우더를 넣은 로우 초콜릿도 찾을 수 있다. 채식주의자를 위해 코코넛밀크나 넛 파우더로 크림 질감을 살린 제품도 다양하게 판매하고 있다.

초콜릿은 진정한 로우 푸드인가?

초콜릿은 진정한 로우 푸드가 아니라고 주장하는 전문가도 있다. 재배, 수확, 발효, 건조에 이르기까지 코코아콩 생산과정에서 열이 빠질 수 없기 때문이다. 로우 초콜릿을 만드는 데 로스팅 단계를 생략한다 할지라도 앞의 생산단계까지 모조리 생략할 수는 없다. 로

우 초콜릿을 판매하기 전에 템퍼링하기도 하는데, 그러면 결국 초콜릿을 45℃에서 녹이는 셈이다. 따라서 엄밀히 말하자면 로우 초콜릿은 우리가 생각하는 로우 푸드의 조건을 모두 충족하지는 않는 것 같다.

로우 밀크초콜릿은 로스팅한 초콜릿처럼 분말우유를 사용한다. 채식주의자를 위해 대체우유를 넣은 제품도 인기가 있다.

로우 코코아파우더는 로스팅하지 않은 코코아콩을 그라인딩한 뒤 압착해서 코코아버터를 제거해 얻는다. 코코아콩의 항산화물질을 보존하기 위해 공정단계를 최대한 간소화하는 것이 일반적이다.

로우 초콜릿의 향미와 질감

로우 초콜릿은 다른 초콜릿과 마찬가지로 다양한 형태, 향미, 질감으로 만들어진다. 일반적으로 로스팅하지 않은 코코아콩 때문에 흙냄새와 풀 향이 난다. 로우 초콜릿의 거친 질감을 살리기 위해 제작공정을 최소화하는 제조자도 있다.

코코아닙스를 넣은 로우 초콜릿은 눈에 띠는 생식 재료들과 부드럽게 가공된 것이 특징이다. 코코아닙스는 로우 초콜릿에 독특한 질감과 향미를 더한다.

로우 다크초콜릿은 몸에 좋은 대체설탕을 넣어 신맛을 최소화하고 시트러스 향을 살림으로써 맛의 균형을 잡는다.

100% 로우 다크초콜릿은 약간의 신맛과 함께 강렬한 풍미가 느껴져 아무나 쉽게 즐길 만한 제품이 아니다. 코코아버터를 첨가해 지나치게 강렬한 맛을 중화시키기도 한다.

향미료를 첨가한 로우 초콜릿은 건강식품이라는 명성에 걸맞게 건강에 좋은 고형 향미료가 들어간다. 보통 영양이 풍부한 견과류, 씨앗, 베리류, 천연 감미료 등을 넣는다.

초콜릿 가게

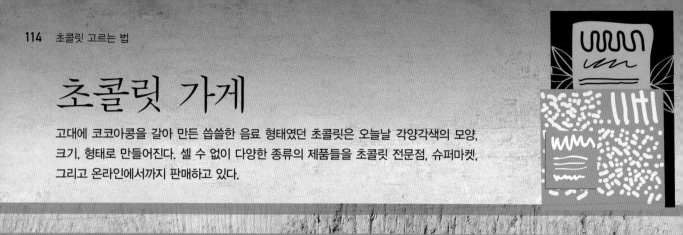

고대에 코코아콩을 갈아 만든 쌉쌀한 음료 형태였던 초콜릿은 오늘날 각양각색의 모양, 크기, 형태로 만들어진다. 셀 수 없이 다양한 종류의 제품들을 초콜릿 전문점, 슈퍼마켓, 그리고 온라인에서까지 판매하고 있다.

초콜릿의 다양한 얼굴

초콜릿은 수천 년 전부터 존재했지만 우리가 알고 있는 판초콜릿 형태로 만들어지기 시작한 것은 1847년에 들어와서다. 이후 전 세계의 초콜릿 제조자들과 쇼콜라티에들을 통해 초콜릿은 우리의 일상에 자연스럽게 녹아들었다.

21세기에 수제초콜릿 제조자들이 정교한 빈투바 초콜릿을 선보이면서 초콜릿에 대한 인식도 바뀌었다. 슈퍼마켓 진열대에 있는 초콜릿이 전부가 아니다. 초콜릿 전문점에도 가보고, 온라인 판매 사이트에서 색다른 제품들도 찾아보는 것은 어떨까?

수제 판초콜릿

최상급 코코아와 고급 재료를 바탕으로 높은 윤리적 기준에 준해 만든 수제 초콜릿은 코코아콩의 진정한 향미와 범용성을 보여준다.

포장라벨에서 '빈투바'라는 문구, 원산지, 간략한 성분표시를 살펴보자.

생트뤼플과 쉘초콜릿

수제초콜릿 제품들은 점점 더 획기적으로 진화하고 있다. 초콜릿의 독특한 향미를 보완하기 위해 새로운 향미를 매치시키는 경우도 있다.

방부제를 넣지 않은 **생트뤼플 제품**을 찾아보자. 보관 기한이 1~2주인 고급 트뤼플을 고르면 된다.

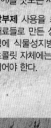

초콜릿 박스세트

초콜릿 박스세트는 각양각색의 향미와 다양한 필링(초콜릿 속에 들어 있는 내용물 옮긴이)을 맛보는 재미가 있다.

방부제 사용을 최소화하고, 간단한 천연 재료들로 만든 상품을 찾아보자. 비록 필링에 식물성지방이 들어 있다 하더라도 초콜릿 자체에는 코코아버터를 넣은 제품이어야 한다.

제과용 초콜릿

오늘날 생산되는 대부분의 초콜릿은 설탕 함유량이 높은 대량생산용 당과제품이다.

코코아 함량이 높은 제품을 찾아보자. 밀크초콜릿은 30% 이상, 다크초콜릿은 55% 이상인 제품이 좋다. 팜유와 같은 식물성지방이 들어간 초콜릿은 피하는 것이 좋다.

슈퍼마켓용 프리미엄 판초콜릿

대량생산되는 프리미엄 초콜릿은 비교적 가격이 저렴하고, 베이킹 재료로 적합하다. 하지만 품질은 제품에 따라 '모 아니면 도'다.

코코아콩의 원산지가 표시되어 있다면 반드시 확인하자. 서아프리카 이외의 국가에서 생산된 코코아콩은 비교적 품질이 좋은 편이다.

슬랩(slab) 초콜릿

토핑이나 마블링 무늬가 들어가는 고급 슬랩 초콜릿은 먹음직스러운 외관 덕분에 선물용으로 안성맞춤이다.

최소한의 재료만 간단하게 들어간 제품을 찾아보자. 코코아 함량이 높으면서 식물성 지방이 들어가지 않은 제품이어야 한다.

핫초콜릿과 코코아파우더

형태와 향미가 다양한 핫초콜릿이 시중에서 판매되고 있다. 코코아파우더는 '천연 코코아파우더'와 '더치식 코코아파우더' 두 가지 종류가 있다.

핫초콜릿을 구매할 때는 실제 초콜릿으로 만들어진 제품이라는 것을 확인해야 한다. 실제 초콜릿이라면 코코아콩 천연의 향이 나고 설탕은 최소한의 양만 들어가 있을 것이다. 코코아파우더가 들어가는 요리를 할 경우, 두 종류 중 레시피에 명시된 종류를 사용하도록 한다. 더치식 파우더는 신맛을 줄이고 견과 향이 나도록 처리한 제품이다.

숨겨진 이야기 | 로랑 제르보(Laurent Gerbaud)

쇼콜라티에

쇼콜라티에는 초콜릿 업계에서 가장 존경받는 존재일 것이다. 이들은 수년에 걸친 훈련과 경험을 바탕으로 완벽한 초콜릿과 당과제품을 만들어낸다. 벨기에 출신 쇼콜라티에인 로랑 제르보는 브뤼셀과 상하이에서 활동하다가 브뤼셀 중심가인 라벤스타인 거리에 초콜릿 카페 겸 가게를 차렸다.

종업원 수는 총 6명이다. 3명은 초콜릿을 만들고, 2명은 가게에서 일하고, 1명은 조수로 일한다.

로랑 제르보는 벨기에에 있는 브뤼셀 요리학교(CERIA) 출신이다.

헤드 파티시에와 제빵사로 오래 일했던 로랑 제르보는 지인의 미술전시회에 식재료로 만든 조각품을 출품하면서 초콜릿과 관련된 일을 해야겠다고 느꼈다. 브뤼셀 요리학교(CERIA)를 마친 뒤, 실험적 성향의 초콜릿 전문점 '플라네트 쇼콜라'에서 프랑스 쇼콜라티에 마스터인 프랑크 뒤발(Frank Duval) 밑에서 2년의 수습기간을 지냈다.

수습을 마친 후 중국 상하이에 있는 초콜릿 전문점에서 일하기 시작했다. 그곳의 요리에 깊게 감명을 받은 제르보는 설탕 맛이 나는 초콜릿 대신 건조과일과 로스팅한 견과류를 이용해 단맛과 향미를 살린 초콜릿에 흥미를 갖게 되었다. 그로부터 2년 후, 벨기에로 돌아와 2009년에 브뤼셀 중심가에 자신의 가게를 열었다.

현재 제르보가 판매하는 쉘초콜릿, 트뤼플, 망디앙(mendiant, 작은 원판 모양의 초콜릿 위에 견과류와 건조과일을 얹은 것-옮긴이), 과일초콜릿은 고급 품질, 이력추적이 가능한 재료, 섬세한 향미의 조화 등에 중점에 두고 만든 제품들이다. 제르보는 '도모리'라는 이탈리아 초콜릿회사에서 커버추어를 구매하는데, 이곳은 마다가스카르, 페루, 에콰도르산 코코아콩으로 만든 다크초콜릿 커버추어를 판매한다. 제르보는 향후 빈투바 초콜릿을 직접 만들겠다는 계획도 세우고 있다.

초콜릿 생산의 어려움

쇼콜라티에로서 사업을 운영하다보면, 작업장에서 제품을 개발하는 것보다 행정처리에 더 많은 시간을 소비하게 된다. 게다가 제르보는 쇼콜라티에들이 주로 사용하는 재료(생견과류나 살구, 무화과, 복숭아, 키위 등의 생과일)에 알레르기가 있기 때문에 새로운 재료를 시험할 때는 많은 주의를 기울여야 한다. 그렇다고 이러한 장애가 제르보의 창의력을 막지는 못한다. 제르보의 가게에서 가장 인기 있는 제품은 말린 살구가 들어간 초콜릿이다.

제르보의 하루

제르보의 카페 겸 가게는 매일 9시에 문을 연다. 쉬는 날이 없기 때문에 두 명의 직원을 고용해서 함께 손님을 접대한다. 이 밖에도 세 명의 보조 쇼콜라티에가 제르보의 레시피대로 초콜릿을 만든다. 제르보도 일주일에 한 번 이들과 함께 초콜릿을 만든다. 나머지 시간을 쪼개어 워크숍 운영, 신제품과 포장 개발, 판매, 홍보, 회계업무를 처리한다.

워크숍
제르보는 자신의 가게에서 매주 몇 시간씩 10~20명을 대상으로 초콜릿 제작과 시식 워크숍을 진행한다.

망디앙 만들기
망디앙은 제르보 가게의 대표상품이다. 템퍼링한
초콜릿에 건조과일과 견과류를 얹은 제품이다.

초콜릿 박스세트
제르보의 수제초콜릿에는 설탕, 방
부제, 인공 향미료, 첨가물이 들어
가지 않는다.

다크초콜릿
제르보는 다크초콜릿을 만
드는 데 에콰도르와 마다가
스카르산 코코아콩을 사용
한다. 제르보가 사용하는 몰
드에는 만다린어로 '초콜릿'
을 의미하는 독특한 문양이
새겨져 있다.

초콜릿은 건강에 좋을까?

사람들은 흔히 초콜릿을 금단의 열매처럼 백해무익하다고 생각한다. 그러나 초콜릿을 꾸준히 섭취하면 건강에 상당히 좋다는 사실이 최근 연구조사에서 밝혀졌다. 그동안 설탕과 지방 함량이 높은 제과용 초콜릿을 먹어왔다면, 앞으로는 코코아 함량이 높은 초콜릿에 익숙해져보자. 초콜릿의 효능을 느낄 수 있을 것이다.

초콜릿을 먹으면 건강에 좋을까?

물론이다! 코코아 함량이 높은 다크초콜릿을 매일 소량씩 섭취하면 건강에 좋다는 사실이 많은 연구조사를 통해 밝혀졌다. 그러나 설탕, 유제품, 첨가물이 많이 들어간 초콜릿을 먹는다면 이러한 효능은 기대할 수 없다.

항산화물질에 대한 이야기는 무엇인가?

초콜릿에는 플라바놀이라는 항산화물질이 다량 함유되어 있다. 플라바놀은 세포를 손상시키는 활성산소를 제거하는 데 도움을 준다. 항산화물질을 꾸준히 섭취하면 특히 혈압을 낮추고 심혈관 질환을 예방하는 데 탁월한 효과가 있다.

항암효과도 있을까?

물론 초콜릿이 암을 치료하지는 못한다. 그러나 최근 연구에 따르면, 초콜릿 속의 화학물질이 대장암과 관련된 이상세포를 줄이는 데 효과가 있다고 한다. 또 다른 연구결과에서는 초콜릿 속의 화학성분이 몇몇 암을 예방하는 것으로 추정하고 있다.

초콜릿은 왜 이렇게 좋을까?

초콜릿을 먹으면 사랑에 빠질 때 느끼는 행복한 느낌이 그대로 재현된다고 한다. 테오브로민과 같은 초콜릿 속의 화학물질이 엔도르핀을 생성하기 때문이다. 엔도르핀은 기분을 좋아지게 만드는 화학성분으로 성행위나 운동, 또는 친구들과 만나 즐거운 시간을 보낼 때 주로 생성된다.

초콜릿을 먹으면 이빨이 상할까?

예상과는 달리 초콜릿은 오히려 이빨 건강에 좋다. 루이지애나의 툴레인 대학교가 최근 실시한 연구에 따르면, 초콜릿 속의 테오브로민 성분은 이빨을 튼튼하게 만드는 데 불소보다 더 효과적이라고 한다. 그러나 안타깝게도 대다수의 초콜릿에는 설탕이 대량으로 들어가 있어 오히려 역효과가 날 수도 있다.

초콜릿은 슈퍼푸드일까?

안타깝게도 초콜릿은 슈퍼푸드나 특효약이 아니다. 일반적인 제과용 초콜릿에 들어 있는 설탕과 지방이 건강에 안 좋은 영향을 미칠 수 있다. 처방받은 약을 버리고 초콜릿을 먹겠다는 것은 그다지 좋은 생각이 아니다. 그러나 적당한 양의 고급 다크초콜릿을 즐기는 것은 몸과 정신 건강에 도움된다.

초콜릿에 대한 열망

사람들은 초콜릿을 좋아한다. 이는 의심할 여지가 없는 사실이다. 전 세계적으로 매년 700만 톤 이상의 초콜릿이 소비되며, 초콜릿에 대한 '열망'을 채우기 위해 1,100억 달러가 투자되는 것으로 집계된다. 과연 무엇이 우리를 이렇게 초콜릿에 열광하게 만드는 것일까? 또한 정말로 초콜릿에 중독될 수도 있는 것일까?

초코홀릭

초콜릿에 중독된 사람을 일컫는 '초콜홀릭'이라는 개념은 1960년대 대중문화에서 시작되었다. 진짜 중독자를 의미한다기보다는 초콜릿 애호가들이 우스갯소리로 자신을 표현할 때 사용하는 용어다. 그러나 누가 보아도 초콜릿에는 진짜 '중독적인' 매력이 있다. 이 때문에 초콜릿에 많은 과학적 관심이 쏠리고 있다.

초콜릿 속의 화학물질

코코아콩 속에는 좋은 느낌과 기분을 강화시키는 화학성분들이 있다. 트립토판, 아난다미드, 페닐에틸아민이 우리의 기분을 좋게 만든다고 알려져 있는데, 초콜릿에는 극히 소량만 들어 있어서 뇌에 도달했을 때는 이미 분해된 상태일 것이다.

반면 테오브로민은 비교적 많은 양이 초콜릿에 함유되어 있다. 카페인과 화학적 구조가 비슷한 성분으로 심장박동을 높이고 혈관을 확장시키는 효과가 있다. 예르바 마테(yerba mate), 구아라나 베리(guarana berries), 콜라 넛(kola nuts)에는 극히 소량만 들어 있지만, 코코아콩에는 다량으로 함유되어 있어서 카카오나무의 학명인 '테오브로마'를 딴 '테오브로민'이라고 불린다. 테오브로민이 신체에 미치는 영향에 대해서는, 카페인만큼은 아니지만 약간의 중독성이 있을 수 있다는 연구결과가 있다.

심리학 vs 생리학

초콜릿 속의 화학물질이 뇌에 영향을 미칠 수 있다고 밝혀졌지만, 판초콜릿 한 개에 함유된 화학물질은 극히 소량이기 때문에 생리학적으로 초콜릿에 중독될 가능성은 매우 낮은 편이다.

우리가 초콜릿에 빠져드는 이유는 화학적 반응보다는 초콜릿이 주는 경험 때문일 가능성이 높다. 초콜릿은 체온보다 살짝 낮은 온도에서 녹는다. 혀에 닿는 순간 액체로 변하면서 강렬하고 달콤한 향미가 퍼진다. 이 즐거운 감각적 경험이 초콜릿에 더욱 빠져들게 만드는 것이다.

우리는 초콜릿을 유혹 또는 사치라는 개념과 연관 지어 생각한다. 초콜릿의 유혹에 '항복'했다는 느낌을 받을수록 더 큰 즐거움이 뒤따르는 것이다. 우리가 금단의 열매에 끌리는 이유와 같다. 이처럼 '초코홀리즘'에는 상식적인 이유보다 심리적 요인이 더 크게 작용하는 것 같다.

초콜릿에 대한 열망 조절하기

어느새 초콜릿에 열광하고 있는 자신을 발견했다면, 되도록 좋은 품질을 고르도록 노력하자. 고급 다크초콜릿의 건강적인 효능은 과학적으로 증명되었다. 대량생산용 밀크초콜릿보다 설탕 함유량은 적고 코코아 함량은 높기 때문에 적은 양으로도 만족감을 얻을 수 있다.

다크초콜릿
다크초콜릿 제품들은 테오브로민의 함량이 많은데 테오브로민이 가벼운 '중독성'을 일으킬 수도 있다.

초콜릿 맛보기

복합적인 풍미와 향을 가득 품고 있는 초콜릿은 시간을 두고 천천히 음미하는 자만이 온전히 즐길 수 있다. 전문적인 테이스팅 기법을 통해서 초콜릿을 맛보는 매순간을 최대한 즐길 수 있는 법을 배워보자.

초콜릿을 음미하는 법

초콜릿을 음미한다는 것은 단순히 먹는 행위가 아니다. 느린 화면을 재생하듯 천천히 온몸의 감각을 동원하다보면(125~127쪽 참조) 초콜릿의 풍미, 향, 질감, 그리고 숨겨진 복합미가 서서히 느껴지면서 만든 사람의 진가도 함께 드러날 것이다.

맛의 극대화

향미의 종류가 무려 400개 이상에 달하는 초콜릿은 세계에서 가장 복합적이면서도 흥미로운 음식이다. 초콜릿은 체온보다 살짝 낮은 온도에서 녹기 때문에 우리의 혀에 닿는 순간 비로소 그 향미가 발산된다. 초콜릿을 효과적으로 음미하는 법을 배우면, 초콜릿의 풍미, 향, 식감이 향상되는 것을 극대화할 수 있다.

전문 테이스터

초콜릿 업계에서 테이스팅은 중요한 과정이자 없어서는 안 될 핵심적 기술이다. 전문 테이스터들은 수년에 걸쳐 기술을 연마한 후에야 비로소 각각의 풍미와 향, 그리고 식감의 특징을 구분할 수 있게 된다. 또한, 결함이 될 만한 부분을 미리 잡아내어 초콜릿 제조자와 쇼콜라티에가 더욱 좋은 제품을 만들 수 있도록 돕는다. 초콜릿 제조자, 쇼콜라티에, 파티시에, 전문 테이스터 모두에게 테이스팅 기술은 제품을 개선하고 결함을 찾아내는 데 반드시 필요한 기술이다.

재미를 잃지 말자

초콜릿은 아무 생각 없이 그냥 먹어도 여전히 환상적이다. 초콜릿을 좋아하는 사람으로서 도대체 왜 시간을 들여 초콜릿을 분석해가면서 먹어야 하는지 이해하기 어려울 것이다. 하지만 초콜릿을 최대한 즐기는 법을 배우면 초콜릿을 먹는 경험 자체가 전반적으로 새로워질 것

어떻게 이렇게 강렬할까?

부드러울까?

향미의 발현 단계

초콜릿을 제조하는 단계 하나하나가 초콜릿 향미에 영향을 미친다. 품종, 토양, 기후부터 시작해서 발효와 건조 과정을 거쳐 생성된 수많은 특징이 코코아콩에 담긴 채 초콜릿 제조의 손에 넘겨진다. 이후 코코아콩을 정성스럽게 로스팅, 그라인딩, 콘칭해 최고의 맛을 끌어내고 고급 향미를 발현시키는 일은 제조자의 역량에 달려 있다.

이다.

초콜릿의 기원과 제조과정을 이해하면 초콜릿을 살 때 더 많은 정보를 보고 얻을 수 있다. 초콜릿을 제대로 맛보는 법을 배우면 초콜릿의 향미를 이해하고 미각을 발달시키는 과정이 더욱 즐거워질 것이다.

하지만 가장 중요한 것은 재미를 잃지 않는 것이다. 고급스러운 맛과 향의 세계로 빠져들기는 쉽지만, 어쨌거나 초콜릿은 즐거움을 주기 위해 존재하는 것이다.

천천히 음미해보자

음식은 먹는 속도에 따라 맛이 달라진다. 초콜릿도 마찬가지다. 초콜릿 한 조각을 빨리 먹어보기도 하고, 천천히 음미해보기도 하자. 아마도 새로운 경험이 될 것이다.

1 똑같은 다크초콜릿 두 조각을 준비한다. 먼저 한 조각을 빨리 먹어본다. 몇 번 씹은 후 바로 삼킨다.

2 물로 입안을 헹구고 이번에는 두 번째 조각을 천천히 음미해본다. 향을 느끼면서 천천히 녹여 먹는다.

3 결과를 비교해보자. 천천히 먹었을 때가 빨리 먹었을 때보다 조금 더 달콤하게 느껴질 것이다. 초콜릿 향을 온전히 느끼기 위해 투자하는 시간만큼 천연 풍미도 향상되는 것이다. 일반적으로 초콜릿은 천천히 입안에서 녹여 먹었을 때 훨씬 더 맛있게 느껴진다.

녹을까?

감각을 동원한 초콜릿 맛보기

과학적 연구에 따르면, 우리가 음식을 먹을 때 향미를 느끼는 것은 미각 때문이 아니라 향 때문이라고 한다. 초콜릿이 주는 즐거움도 맛과 향에서부터 시작된다. 그러나 온전한 즐거움을 위해서는 외관, 식감 그리고 먹고 난 후에 입안에 남는 끝 맛까지 살펴봐야 한다.

맛의 여정

좋은 초콜릿을 먹는 것은 여행과도 같다. 포장을 벗겨 처음으로 맛을 보는 감각적 경험을 통해 제조자의 역량과 재료의 품질을 알 수 있다. 초콜릿을 온전히 즐기려면 시간을 들여 온몸의 감각을 동원해야 한다.

먼저 입을 깨끗이 한 상태에서 맛을 봐야 한다. 그리고 새로 한 입 먹을 때마다 입을 헹군다. 물을 한 모금씩 마시는 것도 좋지만, 짭짤한 비스킷이나 사과가 있다면 입을 헹구는 데 더욱 좋다.

초콜릿을 살짝 문질러보자

초콜릿 한 조각을 엄지와 검지로 잡고 가볍게 문질러보자. 코코아 함량이 높은 초콜릿이라면, 녹아서 끈적거리는 대신 코코아버터가 녹아서 피부로 스며들어가고 코코아파우더만 남을 것이다.

1 눈으로 음미한다

먼저 초콜릿의 포장을 벗긴다. 아름답고 매끈한 광택이 눈에 띄어야 한다. 템퍼링의 완성도가 높고 최적의 환경에서 보관한 제품이라는 것을 보여준다. 생기가 없거나 하얀 점들이 있다면, 템퍼링이 잘 안 되었거나 너무 높거나 낮은 온도에 보관한 것이다.

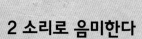

2 소리로 음미한다

초콜릿을 부러뜨려보자. 이때 나는 소리로 초콜릿의 품질을 알 수 있다. 초콜릿을 부러뜨렸을 때 '탁' 하는 경쾌한 소리가 나야 한다. 템퍼링은 완벽한 결정 구조를 만든다. 템퍼링이 잘된 초콜릿은 명확한 '탁' 소리가 나며, 완벽한 시점에 입안에서 녹아내리며 모든 향미를 발산한다.

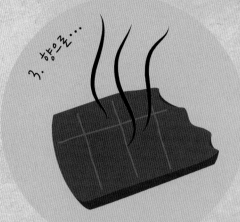

3. 향으로…

3 향으로 음미한다

움푹하게 만든 손바닥 안에 초콜릿 한 조각을 놓고 코에 가까이 대본다. 처음 초콜릿 포장을 벗겼을 때도 어떠한 향이 느껴졌겠지만, 이것은 초콜릿이라면 당연히 나는 일반적이 향이다. 초콜릿에 더 가까이 다가가야만 모든 향을 고스란히 느낄 수 있다. 향은 초콜릿의 온전한 향미를 경험하는 데 가장 중요한 과정이므로 최대한 활용하도록 하자.

4. 촉감으로…

4 촉감으로 음미한다

초콜릿을 혀 위에 올려 녹인다. 좋은 초콜릿은 혀 위에 올렸을 때 부드럽고 매끄러운 질감이 느껴진다. 부드럽게 템퍼링이 잘 된 초콜릿이라면 혀 위에 잔여물을 남기지 않고 고르게 녹아내릴 것이다.

강렬한 향미의 발산

풍미나 향을 분간하기 어렵다면, 간단한 방법으로 향미의 발산을 더욱 극대화시킬 수 있다. 먼저 숨을 참은 상태에서 혀 위에 초콜릿을 올려놓고 잠시 기다린다. 그리고 초콜릿이 녹으면 그때 숨을 들이마신다. 풍미와 향이 더욱 강렬하게 발산되는 것을 느낄 수 있다.

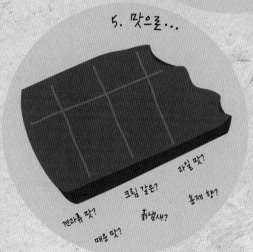

5. 맛으로…

견과류 맛?
크림 같은?
과일 맛?
매운 맛?
흙냄새?
꽃의 향?

5 맛으로 음미한다

초콜릿의 독특한 향미가 입안에서 어떻게 변하는지 느껴보자. 향미가 느리게 발산되면 씹는다는 느낌보다는 깨문다는 느낌으로 몇 번 더 오물거려보자. 견과류 향인가, 과일 향인가, 꽃 향인가? 어떤 과일이 떠오르는가? 느껴지는 향미를 단어로 표현하는 것은 쉽지 않다. '플레이버 휠(flavour wheel)'를 참고하면, 향미의 미묘한 차이를 구분하는 데 도움이 될 것이다(128~129쪽 참조).

테이스팅 휠

초콜릿의 복합적인 향과 맛은 놀라울 정도로 광범위하다. 초콜릿의 맛과 향을 나열한 원형 도표들을 활용해 미묘한 향미의 정체를 알게 된다면, 테이스팅 경험을 더욱 극대화할 수 있다. 조금만 연습해도 미각을 발달시킬 수 있다. 노력하면 할수록 더욱 쉽게 초콜릿을 분간할 수 있게 될 것이다.

초콜릿의 특징 분간하기

초콜릿의 맛과 향을 한눈에 바로 확인할 수 있는 원형 도표들을 활용해보자. 초콜릿의 풍미, 향, 질감을 단어로 표현하기 더욱 수월해질 것이다. 126~127쪽의 초콜릿 음미하는 법을 참고해서 맛을 볼 때마다 느껴지는 일반적인 특징을 메모해놓으면 더욱 좋다.

초콜릿처럼 복잡한 음식을 맛볼 때 경험할 수 있는 맛과 향이 이 두 개의 원형 도표에 모두 나와 있는 것은 아니다. 예를 들어서 초콜릿에서 떫은맛, 쓴맛, 매우 강한 신맛이 났다고 가정해보자. 일단 느낀 대로 모두 적고, 그 맛이 좋았는지 싫었는지도 적어놓는다. 그리고 '마지막'이 어땠는지 생각해본다. 입안에서 초콜릿이 사라진 후에도 남아 있는 향미를 말이다.

텍스처 휠

식감은 초콜릿의 맛에 중대한 영향을 미친다. 따라서 제조자들은 초콜릿의 식감을 최대한 부드럽게 살려 가장 적절한 상태에서 녹아내리도록 만든다. 코코아버터를 첨가하면 식감이 더욱 부드러워지고, 녹는 속도도 빨라진다. 한편, 완전히 다른 식으로 접근하는 제조자도 있다. 코코아와 설탕을 거칠게 갈아 비스킷 같은 식감을 만드는 것이다. 다음의 원형 도표를 활용해서 초콜릿의 식감을 느껴보고, 이것이 초콜릿을 음미하는 과정에 전반적으로 어떠한 영향을 미치는지 생각해보자.

초콜릿은 400가지가 넘는 향미를 담고 있다

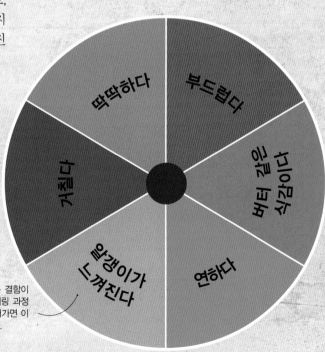

알갱이가 느껴지는 식감은 결함이 될 수 있다. 콘칭이나 템퍼링 과정에서 초콜릿에 수분이 들어가면 이 같은 질감이 되기 때문이다.

딱딱하다
부드럽다
버터 같은 삭감이다
거칠다
연하다
알갱이가 느껴진다

플레이버 휠

플레이버 휠을 활용해서 초콜릿의 주요 향미들을 더욱
깊이 파헤쳐보자. 극명하게 느껴지는 향미와 혀 위에서
초콜릿이 녹는 속도를 적어놓으면 좋다.

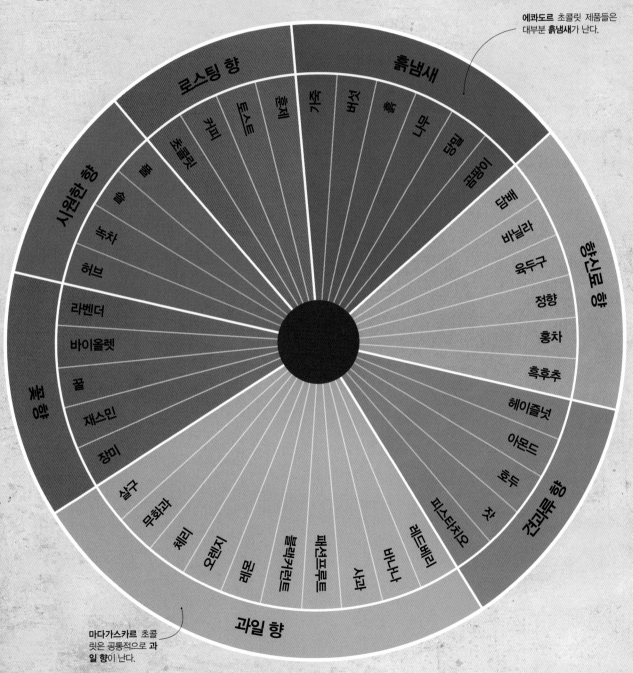

에콰도르 초콜릿 제품들은
대부분 **흙냄새**가 난다.

마다가스카르 초콜
릿은 공통적으로 **과
일 향**이 난다.

향미의 조합

초콜릿의 향미는 다양해서 어울리는 음식과 음료도 그만큼 많다. 와인, 과일, 치즈, 맥주 등 모두가 초콜릿과 먹음직스러운 조합을 이룬다. 자신이 좋아하는 초콜릿 향미를 찾은 뒤(128~129쪽 참조), 보완 또는 대비 관계에 있는 조합을 선택하면 된다.

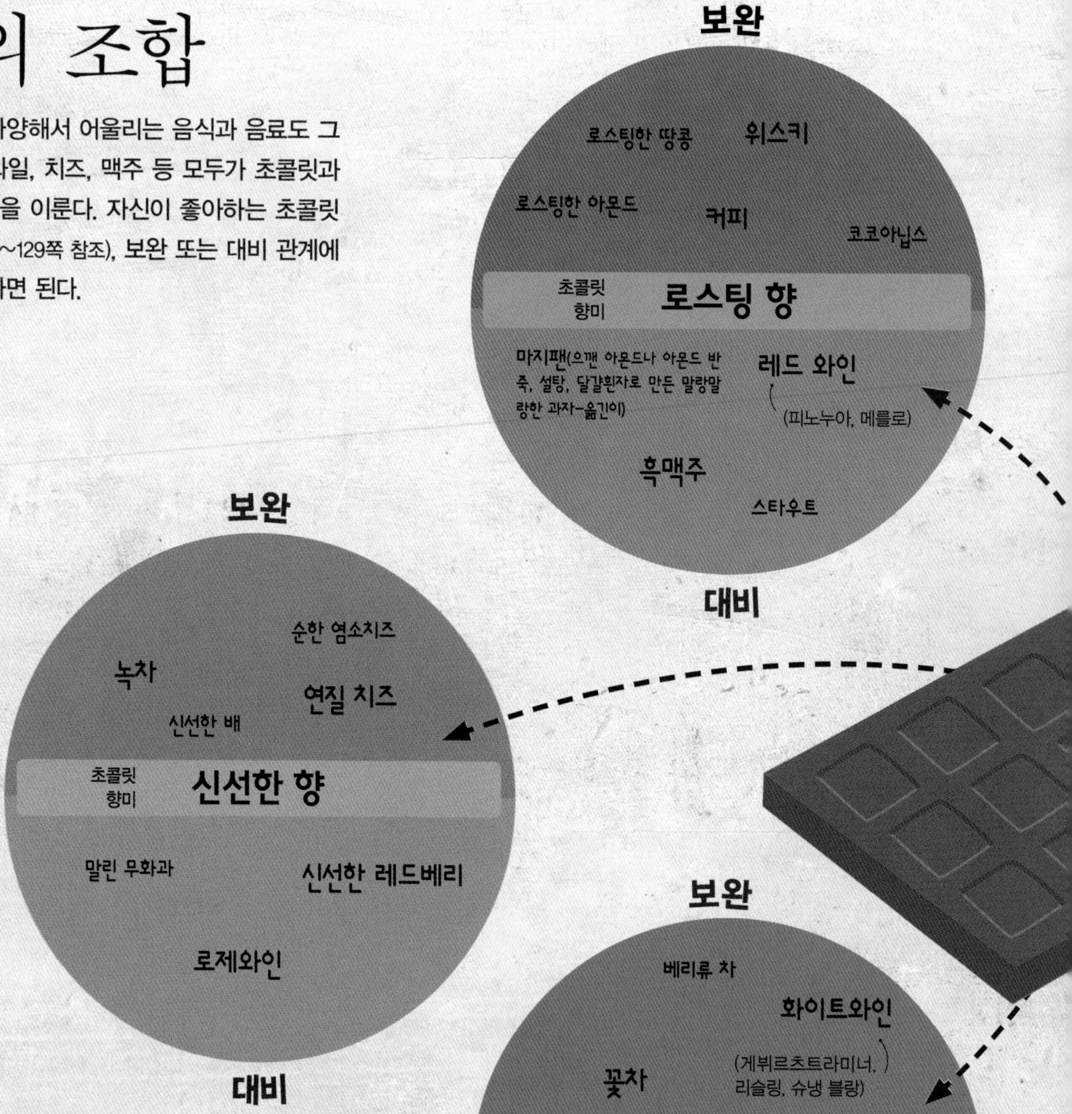

보완

로스팅한 땅콩   위스키

로스팅한 아몬드   커피

코코아닙스

| 초콜릿 향미 | **로스팅 향** |

마지팬(으깬 아몬드나 아몬드 반죽, 설탕, 달걀흰자로 만든 말랑말랑한 과자—옮긴이)   레드 와인
(피노누아, 메를로)

흑맥주

스타우트

대비

보완

순한 염소치즈

녹차   연질 치즈

신선한 배

| 초콜릿 향미 | **신선한 향** |

말린 무화과   신선한 레드베리

로제와인

대비

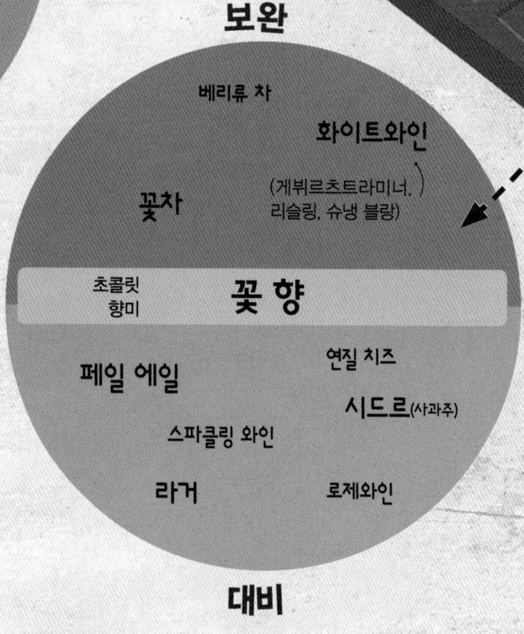

보완

베리류 차

화이트와인

꽃차   (게뷔르츠트라미너, 리슬링, 슈냉 블랑)

| 초콜릿 향미 | **꽃 향** |

페일 에일   연질 치즈

스파클링 와인   시드르(사과주)

라거   로제와인

대비

초콜릿 시식회를 열어보자

초콜릿 페어링 행사를 통해 재미있는 방식으로 다양한 초콜릿과 이에 어울리는 향미를 찾아보자. 고급 초콜릿을 3~5개 정도 고른 뒤, 각각의 초콜릿에 어울리는 음식과 음료수를 찾으면 된다. 여기의 내용을 참고하면 좋다. 행사에 참여한 다른 사람들과 함께 자신이 선택한 조합이 괜찮은지 의견을 나눠보고, 새로운 조합에 대한 아이디어도 구상해보자.

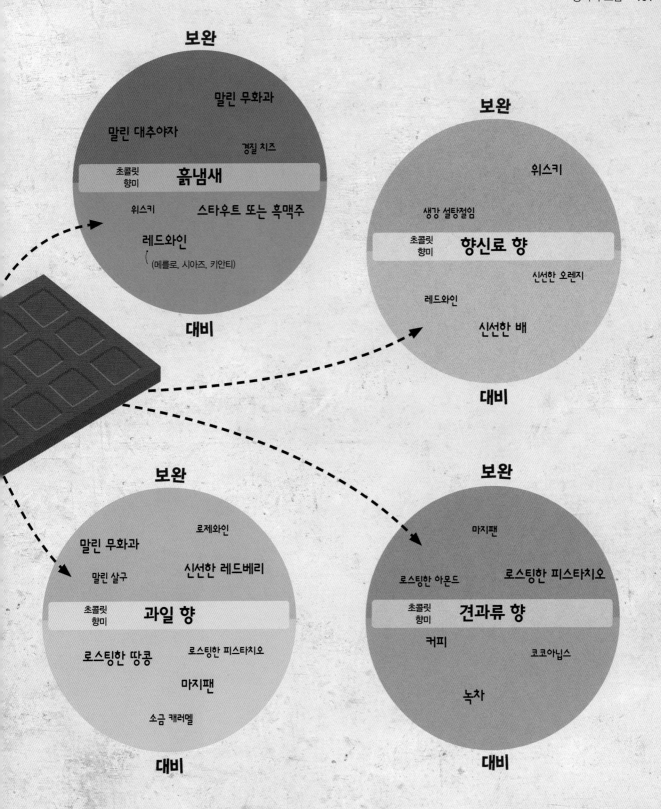

보완

말린 무화과

말린 대추야자

경질 치즈

| 초콜릿 향미 | 흙냄새 |

위스키   스타우트 또는 흑맥주

레드와인

(메를로, 시아즈, 키안티)

대비

보완

위스키

생강 설탕절임

| 초콜릿 향미 | 향신료 향 |

신선한 오렌지

레드와인

신선한 배

대비

보완

로제와인

말린 무화과

신선한 레드베리

말린 살구

| 초콜릿 향미 | 과일 향 |

로스팅한 땅콩   로스팅한 피스타치오

마지팬

소금 캐러멜

대비

보완

마지팬

로스팅한 아몬드   로스팅한 피스타치오

| 초콜릿 향미 | 견과류 향 |

커피

코코아닙스

녹차

대비

숨겨진 이야기 | 제니퍼 얼(Jennifer Earle)

전문 초콜릿 테이스터

초콜릿 테이스터는 시장의 다양한 초콜릿 제품들을 평가해 최고의 상품만을 대중에게 소개한다. 제니퍼 얼은 2006년부터 전문 초콜릿 테이스터로 활동했다. 현재 런던과 브라이튼에서 '초콜릿 엑스터시 투어즈'를 운영하며 초콜릿 애호가들에게 고급초콜릿을 소개한다.

제니퍼 얼은 2005년부터 런던과 브라이튼에서 초콜릿 투어를 운영하기 시작했다.

- - - - - - - - - - - - - - - - -

국제 초콜릿 시상식과 세계 우수식품 시상식을 비롯한 많은 초콜릿 대회의 심사위원으로 활동 중이다.

제니퍼 얼은 호주에서 자랐다. 20대 초반에 전 세계를 여행하면서 영국에 초콜릿 투어 회사를 차리겠다는 꿈을 키웠다. 제니퍼가 세운 '초콜릿 엑스터시 투어즈'라는 회사는 영국인과 외국 관광객에게 런던의 다양한 고급초콜릿을 소개하는 일을 한다. 제니퍼는 고급초콜릿과 고급당과가 주는 즐거움의 세계로 사람들을 인도함으로써 지속가능하고 윤리적인 방식으로 생산된 초콜릿의 중요성을 알리고자 한다. 초콜릿 투어 사업은 계속해서 성장하고 있으며, 초콜릿 테이스터로서의 전문성을 인정받아 대규모 식품회사에서 식품바이어와 제품개발자로 활동하고 있다.

현재 제니퍼는 브라이튼과 런던에서 초콜릿 투어 사업에 매진하고 있다. 또한, 국제 초콜릿 시상식(International Chocolate Awards), 초콜릿 아카데미 시상식(Academy of Chocolate Awards), 세계 우수식품 시상식(Great Taste Awards) 등의 초콜릿 대회와 초콜릿 회사에서 전문 초콜릿 테이스터로 활동하고 있다. 제니퍼는 테이스터라는 직업을 위해 미뢰(맛을 느끼는 감각 세포가 몰려 있는 세포-옮긴이)를 단련시키는 전문적인 감각 훈련을 받았다.

초콜릿 테이스팅의 어려움

초콜릿 테이스팅은 보수가 없는 경우가 대부분이다. 따라서 수많은 신제품을 제대로 평가할 실력 있는 테이스터를 찾기 힘든 실정이며, 제니퍼도 생계를 유지하기 위해 다른 일을 병행한다. 초콜릿 테이스터라는 직업은 세계 최고의 초콜릿들을 맛볼 수 있다. 하지만 초콜릿 대회에서 출품작들을 평가하는 일은 에너지 소모가 큰 작업이다. 초콜릿을 한입 맛볼 때마다 신중하게 음미하고 분석하는 동시에 모든 제품을 공평하게 평가해야 하기 때문이다.

제니퍼 얼의 하루

초콜릿 대회에서는 보통 테이스터 집단이 출품작을 평가한다. 테이스팅 경력이 다양한 심사위원과 전문적 경험은 적지만 소비자 관점을 대변할 수 있는 심사위원으로 구성된 집단이 좋은 평가단이라 할 수 있다. 제니퍼와 평가단은 보통 판초콜릿, 쉘초콜릿, 트뤼플 등으로 카테고리를 나누어 평가한다. 각각의 제품을 보고 코멘트를 적고, 제품 특징을 보고 점수를 매긴다. 그리고 마지막 순서에서 평가단의 점수를 합산해 우승자를 가린다.

초콜릿 테이스팅
제니퍼 얼이 카테고리별로 맛, 외관, 향, 질감에 대한 점수를 매기고 있다.

런던 초콜릿 쇼
제니퍼 얼은 매년 개최되는 '런던 초콜릿 쇼' 같은 초콜릿 행사에 자주 초청되어 테이스터 직업에 대한 강연을 해달라는 의뢰를 받는다.

제품 선정
보통 카테고리별로 4~5개의 초콜릿 제품을 테이스팅한다. 가끔 한 카테고리에 15개까지 출품되기도 한다.

국제 초콜릿 시상식
테이스터들은 한 제품을 평가한 뒤 다음 제품을 테이스팅하기에 앞서 물을 마시고 차갑게 요리한 폴렌타(옥수수 가루로 끓인 죽 -옮긴이)를 조금 먹어서 입을 헹군다. 또한, 평가단이 미각과 후각을 회복시킬 수 있도록 40분의 휴식시간이 주어진다.

초콜릿은 어떻게 보관할까?

초콜릿을 최상의 상태로 최대한 오래 보관하고 싶다면, 포장지에 명기된 보관 기한과 보관 방법을 자세히 살펴보자. 고급 판초콜릿은 제대로만 한다면 일 년 이상도 보관할 수 있다. 반면, 생크림이 들어간 쉘초콜릿과 트뤼플의 최대 보관 일수는 아무리 길어도 일주일이다.

차갑게 보관해야 할까?

초콜릿은 약 34℃에서 녹는다. 태양 직사광을 잠시만 받아도 코코아버터가 녹아 블룸현상이 일어난다. 그러므로 15~20℃ 사이의 서늘한 온도가 유지되는 장소에 초콜릿을 보관해야 한다.

냉장고에 보관해도 될까?

절대 아니다! 사람들이 가장 많이 하는 실수가 초콜릿을 냉장고에 보관하는 것이다. 냉장고에 넣는 즉시 표면에 물방울이 응결해서 초콜릿이 물러지고, 설탕이 녹아 슈거 블룸(초콜릿 속의 설탕이 습기 때문에 녹아서 결정화한 결과—옮긴이)현상이 일어난다.

부엌찬장에 보관하면 될까?

초콜릿을 플라스틱 밀폐용기에 넣었다면 부엌찬장도 괜찮다. 다만, 습기가 없고 건조한 상태에서 보관해야 한다. 초콜릿은 주변의 향을 흡수하는 성질이 있기 때문에 옆에 강한 향이 나는 제품을 두어서는 안 된다. 강한 향미가 나는 초콜릿도 마찬가지로 안 된다.

전문가처럼 초콜릿을 수집하려면?

초콜릿을 진지하게 즐기고 있고 더 나아가 여러 종류를 수집해보고 싶다면, 와인냉장고를 구매하는 것도 생각해보자. 요즘 와인 냉장고는 초콜릿 보관에 가장 이상적인 온도인 18℃로 설정할 수 있다. 와인잔 걸이를 선반으로 교체하면 최고의 초콜릿 저장고가 될 것이다.

쉘초콜릿과 트뤼플은 어떻게 보관해야 할까?

항시 제품 라벨을 확인해야 한다. 대부분의 쇼콜라티에들은 쉘초콜릿과 트뤼플에 생크림을 넣고 방부제는 넣지 않기 때문에 보관할 수 있는 기한이 매우 짧다. 생초콜릿을 보관할 수 있는 기한은 1주에서 최대 2주다. 제대로 보관하면 기한을 최대한 연장할 수 있겠지만, 늘 보관 기한을 유념해야 한다.

코코아콩을 샀는데 어떻게 보관해야 할까?

코코아콩은 초콜릿만큼 온도에 민감하지는 않지만, 그래도 서늘하고 건조하면서 냄새가 나지 않는 장소에 보관해야 한다. 로스팅하지 않은 코코아콩은 박테리아가 있을 수 있으므로 로스팅한 다른 코코아콩, 코코아닙스, 초콜릿과 함께 두지 않는다. 코코아콩과 코코아닙스를 로스팅한 이후에는 밀폐 용기에 보관해야 한다.

초콜릿 만들기

당신도 빈투바 초콜릿 제조자가 될 수 있다. 나만의 트뤼플과 판초콜릿 제
조법을 제대로 한번 배워보자. 이 책의 단계별 기법을 참고해서 초콜릿 제
작과정을 차례차례 따라가 보면, 어느새 달콤한 성공이 눈앞에 펼쳐져 있
을 것이다.

빈투바 초콜릿

간단한 도구만으로도 직접 빈투바 초콜릿을 만들 수 있다. 이 책에는
다크초콜릿을 만드는 단계별 기법만 소개되어 있지만, 같은 방법을 적
용해서 밀크초콜릿과 화이트초콜릿도 손쉽게 만들 수 있다.

헤어드라이어

그라인더

분말우유

비정제 사탕수수설탕

코코아버터

코코아콩

초콜릿 몰드

디지털 식품온도계

대리석 슬랩

그라인더
로스팅한 코코아콩을 그림에 있는 그라인더로 여러 날 그라인딩하고 콘칭하면 액상 초콜릿으로 변한다. 집에서 초콜릿을 소량씩 만들 경우에는 인도에서 도사(dosa; 쌀가루 반죽을 얇게 펴서 구운 인도의 전통요리-옮긴이)를 만들 때 사용하는 탁상용 그라인더가 제격이다. 온라인에서 비교적 저렴한 가격에 구입할 수 있다.

헤어드라이어
윈노윙과 템퍼링 작업에 꼭 필요한 헤어드라이어는 집에서 초콜릿을 만들 때 가장 유용하게 쓰이는 도구 중 하나다. 찬바람 설정이 가능한 기종으로 골라야 한다.

분말우유
분말우유는 밀크초콜릿이나 화이트초콜릿을 만들 때만 필요하다. 방부제가 들어 있지 않은 제품이 좋다. 다만 분유는 안 된다.

비정제 사탕수수설탕
초콜릿을 만들 때 정제설탕을 써도 무방하지만, 비정제 설탕을 넣었을 때 맛이 훨씬 좋다. 코코아닙스와 설탕을 함께 넣고 오랜 시간 갈면 액상 초콜릿이 만들어진다.

코코아버터
코코아버터를 넣으면 초콜릿이 부드러워져 작업하기 쉬운 상태가 된다. 작은 단추 모양이나 판 형태로 판매하며, 그라인더에 넣기 전에 녹여서 사용한다.

코코아콩
다크초콜릿과 밀크초콜릿의 주재료다. 가능한 최고급 코코아콩을 구매하는 데 집중적으로 투자하는 것이 좋다. 전문 도매업자는 보통 1~2kg 포장단위로 판매한다. 중앙아메리카, 남아메리카, 카리브해 지역, 마다가스카르에서 생산된 코코아콩의 품질이 좋다.

초콜릿 몰드
초콜릿을 템퍼링한 뒤 틀을 잡기 위해 몰드를 사용한다. 얇고 잘 휘어지는 플라스틱 몰드를 사용하거나, 식품 용기를 재활용할 수도 있다. 하지만 초콜릿 만드는 일을 좀 더 전문적으로 해보고 싶다면, 인터넷 전문 판매 사이트에서 폴리카보네이트 몰드를 구매해보자.

디지털 식품온도계
온도를 정확하게 측정할 수 있는 센서가 두 갈래로 갈라진 온도계를 사용하면 좋다. 측정 결과를 더 신뢰할 수 있다.

대리석 슬랩
쇼콜라티에들이 전통적으로 이용하는 대리석(또는 화강암) 슬랩은 템퍼링 과정에서 초콜릿을 식히는 데 필요한 장비로, 반드시 있어야 하는 것은 아니다.

로스팅

로스팅은 빈투바 초콜릿을 만드는 첫 단계다. 코코
아콩 본연의 향을 이끌어내는 로스팅은 특별한 장
비가 없어도 충분히 할 수 있다. 로스팅 온도와 소
요시간은 코코아콩, 오븐, 개인의 선호도(아래 상자글
참조)에 따라 달라진다. 무엇보다 코코아콩이 타지
않도록 주의하도록 하자.

2 넓은 오븐팬에 코코아콩을 펼쳐 놓는다.
이때 겹치지 않게 놓아야 골고루 로스팅
이 된다. 예열된 오븐에 코코아콩을 넣고 타
이머를 작동시킨다(아래 상자글 참조).

1 오븐을 예열한다(오른쪽 상자글 참조). 쟁반이나 평평한 판에
코코아콩을 펼쳐 놓고 잔가지나 작은 돌멩이 같은 협잡물
을 골라내어 버린다. 구멍이 있거나, 깨지거나, 납작해졌거나,
색깔이 현저히 다른 코코아콩도 골라내어 버린다.

로스팅 온도와 소요시간

로스팅을 처음 할 때는 먼저 140℃에서 20분 동
안 코코아콩을 로스팅한다. 그런 다음 맛을 보고
다음번 로스팅 때 온도와 시간을 조절하면 된다.
보통 온도는 120~160℃, 시간은 10~30분 사이
가 적절하다. 로스팅을 할 때마다 코코아콩의 상
태를 메모해 놓으면 이를 기준삼아 다음번에 조
절할 수 있기 때문에 많은 도움이 된다.

코코아콩을 로스팅하면 향미가 발현되고, 박테리아가 죽고, 얇은 껍질이 벗겨지기 쉬운 상태로 변한다

코코아콩 껍질은 종이처럼 얇아서 코코아닙스와 쉽게 분리된다.

코코아닙스는 껍질보다 진한 색으로 쉽게 바스러진다.

3 로스팅이 끝나면 코코아콩을 오븐에서 꺼내어 차가운 쟁반에 옮겨 담는다. 헤어드라이어나 탁상용 선풍기로 코코아콩이 식을 때까지 몇 분간 찬바람을 쐬어준다. 코코아콩의 열이 완전히 식기 전까지는 로스팅이 계속 진행되는 상태이므로 최대한 빨리 식히는 것이 중요하다.

4 코코아콩을 집어 손가락으로 눌러서 껍질을 벗긴다. 껍질을 제거한 뒤 코코아닙스 조각의 맛을 보고 향미를 확인한다. 훈제 향이 많이 느껴지면 로스팅 시간이 너무 길었던 것이므로 다음번에는 로스팅 시간을 줄인다. 신맛이나 풀 향이 강하게 느껴지면, 로스팅 시간을 1~2분가량 더 늘린다.

파쇄와 윈노윙

로스팅이 끝나면 파쇄와 윈노윙 단계로 넘어간다. '까부르다'는 의미의 윈노윙은 코코아콩의 얇은 껍질을 제거하고 코코아닙스만 남기는 작업이다. 집에서 작업을 하는 경우, 가장 빠른 방법은 헤어드라이어를 이용하는 것이다. 코코아콩을 부순 후 헤어드라이어를 작동시키면, 가벼운 껍질은 날아가고 무거운 코코아닙스만 남는다.

무엇이 필요할까?

소요시간
35~40분

도구
큼직한 위생팩
찬바람을 설정할 수 있는 헤어드라이어

재료
선별작업과 로스팅이 끝난 후 식은 상태의 코코아콩 약 1kg(140~141쪽 참조)

1 코코아콩을 몇 움큼 집어 큼직한 위생팩에 넣는다. 코코아콩이 모두 부서질 때까지 밀방망이로 두드린다. 이때 위생팩이 터지지 않게 조심한다. 또는 커다란 그릇에 코코아콩을 놓고 밀방망이 끝으로 으깨는 방법도 있다.

2 파쇄한 코코아콩을 커다란 그릇에 옮겨 담는다. 헤어드라이어를 약한 찬바람으로 작동시킨 다음 천천히 코코아콩 쪽으로 가져가면, 코코아콩 표면의 껍질들이 날아 간다. 이때 주위가 지저분해질 수 있으므로 외부에서 작업하길 권한다.

코코아닙스

코코아닙스는 분쇄한 뒤 껍질을 제거한 코코아콩 조각이다. 코코아콩을 로스팅하고, 분쇄하고, 윈노윙해서 코코아닙스를 직접 만들 수도 있겠지만, 로스팅과 가공 처리를 이미 마친 상태의 코코아닙스를 시중에서 구입할 수도 있다. 바삭하고 항산화물질이 풍부한 코코아닙스를 초콜릿을 만드는 데 첨가한다.

코코아콩은
윈노윙 과정을
거쳐 코코아닙스가 된다

코코아콩 껍질

초콜릿 제조자들은 보통 코코아콩 껍질을 정원용 뿌리덮개로 이용
하지만, 이를 '코코아 차'를 우리는 데 사용하는 제조자들도 있다. 집
에서 작업하는 경우, 코코아콩 껍질은 위생상 그냥 버리는 것이 가장
좋다. 발효와 건조 과정에서 묻은 오염물질이 껍질에 남아 있을 수도
있기 때문이다. 초콜릿은 개와 같은 동물에게는 독이 될 수 있으므로
코코아콩 껍질을 정원에 버리면 안 된다.

3 그릇을 가볍게 흔들거나 코코아콩을 휘저
어서 속에 남아 있는 껍질이 표면 위로 올
라오게 한다. 헤어드라이어를 이리저리 움직
여 껍질만 날려버리기 가장 좋은 각도를 찾는
다. 코코아닙스가 껍질과 함께 날아가지 않게
주의하자. 부서지지 않은 코코아콩이 있으면,
꺼내 밀방망이로 마저 으깨어준다.

4 계속해서 그릇을 가볍게 흔들고 코코아
콩을 휘저어서 속에 있는 껍질이 표면 위
로 올라오게 한다. 헤어드라이어로 계속 바
람을 쐬어준다. 15~20분간 작업을 지속하
면 껍질이 거의 제거되고 그릇에는 코코아
닙스만 가득 남는다. 남은 껍질들은 손으로
제거한다.

그라인딩과 콘칭

코코아닙스에 설탕을 넣고 그라인딩을 하면 다크 초콜릿이 만들어진다. 그라인더의 마찰로 코코아 닙스에서 코코아버터가 녹아나와 액상 초콜릿으로 변하는 것이다. 이때 계속 저어주는 '콘칭' 작업을 통해 수분을 없애고 안 좋은 맛을 내는 휘발성 물질을 완전히 제거한다.

코코아닙스를 조금씩 그라인더에 넣는다.

무엇이 필요할까?

소요시간
최소 24시간

도구
탁상용 그라인더(138쪽 참조)
헤어드라이어

재료
로스팅한 코코아닙스 800g(140~143쪽 참조)
비정제 사탕수수설탕 400g
코코아버터 125g
분말 향미료 15g (없어도 됨. 148쪽 참조)

1 그라인더를 가동한 뒤 코코아닙스를 조금씩 천천히 넣는다. 코코아닙스를 모두 넣을 때까지 계속해서 그라인더를 작동시킨다.

성공적인 재료배합을 위한 팁

처음 시작할 때 재료 배합에 도움이 될 만한 팁이 있다. 시작 전에 코코아닙스를 비롯한 모든 재료의 무게를 계량한다. 그런 다음 설탕과 분말우유의 배합 비율을 신중하게 계산한다. 이때 시도한 배합 비율을 메모해두면, 다음번에 더 나은 배합을 만드는 데 도움이 된다.

색깔별 재료
■ 코코아닙스 □ 분말우유
■ 코코아버터 ■ 비정제 사탕수수설탕

다크초콜릿		밀크초콜릿		화이트초콜릿	
30%		20%		30%	
10%		35%			
60%				35%	
		15%			
				35%	
		30%			

2 그라인더 바퀴에 초콜릿이 쌓이면 주걱으로 떼어준다. 뜨거운 바람으로 설정된 헤어드라이어로 그라인더 통의 안과 밖에 몇 분간 열을 가한다. 그러면 코코아닙스가 더 빨리 녹아 막히는 부분이 없어진다.

과학 이야기

코코아닙스를 그라인딩하면 입자 크기가 0.03mm(30미크론) 미만으로 점점 작아진다. 식감이 부드러워지게 되며, 입자 크기가 너무 작은 나머지 입안에서 알갱이가 전혀 느껴지지 않을 정도가 된다. 콘칭 과정에서 발생한 화학적 반응으로 휘발성 물질이 줄어들면서 신맛이 최소화되고, 초콜릿의 향미는 더욱 깊어진다.

설탕을 소량씩 천천히 넣어야 그라인더가 막히지 않는다.

3 그라인딩을 시작한 지 1~2시간이 지나면 코코아닙스가 액체 형태로 변한다. 이때 설탕을 조금씩 천천히 넣는다. 설탕을 서둘러서 한꺼번에 넣게 되면, 반죽이 갑자기 되직해지면서 그라인더가 막힐 수 있다.

코코아버터를 초콜릿에 **조금 넣으면** 질감이 더욱 부드러워지고 작업하기도 쉬워진다.

4 오븐 용기에 담은 코코아버터를 오븐에 넣고 50℃에서 약 15분간 열을 가한다. 코코아버터가 녹기 시작하면 바로 오븐에서 꺼낸다. 초콜릿이 타버릴 수 있으므로 코코아버터가 과열되지 않도록 주의한다. 녹은 코코아버터를 그라인더에 조금씩 넣는다.

5 밀크초콜릿을 만들려면 분말우유를 넣고, 향미료를 첨가한 밀크초콜릿을 만들 경우에는 분말우유와 분말 향미료를 같이 넣고 콘칭 작업을 계속하면 된다(148 쪽 참조). 분말 향미료를 첨가할 때는 아주 적은 양부터 시작해 소량씩 추가하며 맛을 조절한다.

식품첨가물

초콜릿 제조자들은 향미를 증진하기 위해 초콜릿에 바닐라를 첨가하거나, 유화제로 레시틴을 넣기도 한다. 집에서 초콜릿을 만들 때는 없어도 되는 재료지만, 만약에 이러한 식품첨가물을 넣고 싶다면, 바닐라 농축액 같은 액상 제품은 피하도록 한다. 초콜릿에 수분이 들어가면 입자가 엉겨 붙어 작업이 불가능해지기 때문이다.

초콜릿의 **질감**과 **향미**를 확인한다.

6 최선의 결과물을 얻으려면 그라인더를 최소한 24시간 동안 가동시켜야 한다. 주기적으로 초콜릿의 맛을 보며 향미와 질감이 변하는 과정을 확인하고, 재료를 조금 더 추가할지 판단한다.

코코아콩을 그라인딩하면
코코아버터가 생성되고, 코코아닙스와 설탕이
작은 입자로 분쇄되며, 초콜릿이 '콘칭'된다

8 커다란 플라스틱 용기에 초콜릿을 붓는다. 주걱으로 그라인더 통에 남아 있는 초콜릿을 최대한 긁어낸다. 초콜릿이 식으면서 굳도록 내버려둔다. 이때 초콜릿을 냉장고에 넣으면 표면에 수분이 응결하기 때문에 안 된다. 초콜릿을 템퍼링하기 전에 숙성시키면 더 좋다(149쪽 참조).

7 초콜릿이 완성되면 그라인더의 작동을 멈추고 그라인더 통에서 초콜릿을 꺼낸다. 통이 자동으로 기울여지는 기능이 있으면, 더 쉽게 초콜릿을 덜어낼 수 있다. 하지만 이런 장치가 없는 경우에는, 그라인더 밑판에서 통을 분리한 후 기울여서 초콜릿을 덜어내면 된다.

향미료를 첨가해보자

밀크초콜릿을 만들 경우, 코코아닙스에 설탕과 코코아버터를 넣고, 분말우유까지 첨가하면 작업이 일단락된다. 나머지는 그라인더가 알아서 해줄 것이다. 이때 혹시 다른 시도를 해보고 싶다면, 향미료를 한번 넣어보자(146쪽의 5번 참조).

새로운 시도에 성공하려면 코코아콩 본연의 향과 어울리는 재료를 찾아야 한다. 시트러스 향과 신맛이 나는 코코아콩도 있고, 흙냄새와 꽃 향이 나는 코코아콩도 있다. 여기에 어울리는 향미료를 넣어야지, 어울리지 않는 향미료를 넣어서는 안 된다. 이때 향미료는 분말 형태여야 하며, 액상 향미료는 절대 넣어서는 안 된다. 액체가 단 몇 방울이라도 들어가면 초콜릿에 엉겨 붙기 때문이다.

향신료, 동결 건조한 과일분말 등의 분말 향미료는 146쪽의 '그라인딩과 콘칭'의 다섯 번째 단계에서 넣으면 된다. 분말 입자가 코코아닙스와 설탕과 함께 분쇄되기 때문에 완벽하게 부드러워진 초콜릿의 질감을 해치지 않는다. 향미료를 첨가할 때 주의할 것은 소량씩 넣어야 하며 지속적으로 맛을 체크해야 한다는 점이다. 넣기는 쉬워도 다시 뺄 수는 없다는 점을 유의하자. 견과류나 건조 과일과 같이 덩어리진 향미료는 그라운딩, 콘칭, 템퍼링 과정이 끝난 이후에 넣도록 한다(156~157쪽 참조).

바다소금은 다양한 초콜릿의 향미를 강화시켜준다.

동결 건조한 라즈베리 분말은 초콜릿에 꽃 향을 보완해준다.

칠리파우더는 코코아 함량이 높은 초콜릿에 알싸한 맛을 더해준다.

감초 분말은 크림 같은 초콜릿과 어울린다.

동결 건조한 패션프루트 분말은 신선하고 상쾌한 맛이 나기 때문에 초콜릿의 느끼함을 잡아준다.

기다림과의 싸움

그라인딩과 콘칭이 끝난 후에도 초콜릿의 향미는
계속 향상된다. 초콜릿을 좀 더 전문적으로 만들어
보고 싶다면, 초콜릿을 완성하기 전에 몇 주간 숙
성시키는 시간을 가져보자. 인공첨가물이나 방부
제를 넣지 않은 빈투바 초콜릿은 그라인더에서 꺼
낸 이후에도 몇 주간 향미가 계속해서 향상된다.
플라스틱 용기에 부은 초콜릿이 벽돌 형태로 완전
히 굳으면 꺼내서 랩으로 감싼다. 그런 다음 서늘
하고 건조한 장소에 2~3주간 놓아둔다. 이 과정은
초콜릿을 만드는 데 반드시 필요한 단계는 아니지
만, 숙성단계를 거치면 더욱 깊고 쉽게 변하지 않
는 풍미를 만들 수 있다. 수제초콜릿 제조자들 대
부분이 초콜릿을 템퍼링한 뒤에 몇 주간 숙성시키
는 과정을 거친다.

초콜릿을 몇 주간
숙성시키면
쉽게 변하지 않는
풍미가 완성된다

초콜릿은 주변의 향과 냄새를 흡수하는 성질이 있
으므로, 강한 향이나 냄새가 나지 않는 곳에 보관
해야 한다. 반면, 초콜릿의 이러한 성질을 역이용
해서 다른 재료와 함께 밀폐 용기에 넣어두면 새
로운 향이 초콜릿에 배게 된다. 수제초콜릿 제조자
들은 초콜릿을 숙성시킬 때 위스키 배럴통에서 나
온 나뭇조각을 함께 넣어두기도 한다. 그러면 완성
된 초콜릿에서 은은한 향미가 배어나온다.

템퍼링

템퍼링 기술을 완벽하게 연마해서 윤기가 흐르고 오래 지속되는 초콜릿을 만들어보자. 열을 가하고, 식히고, 재가열하는 과정에 신중을 기해야 완벽한 결정구조가 만들어진다(맞은편 참조). 초콜릿을 녹일 때는 이중냄비와 헤어드라이어를 사용한다(아래 참조). 헤어드라이어 대신 열을 흡수하는 흡열 대리석 슬랩에 초콜릿을 펼쳐놓고 작업하는 방법도 있다(152~153쪽 참조).

무엇이 필요할까?

소요시간
1시간

도구
디지털 식품온도계
헤어드라이어

재료
다크초콜릿(대충 썰어놓은 상태)
500g

현대식 템퍼링 방법

집에서 초콜릿을 만들 때 가장 쉽게 템퍼링할 수 있는 방법이 있다. 먼저 약하게 끓는 물이 담긴 이중냄비로 초콜릿을 중탕한다. 초콜릿을 식힌 후 조심스럽게 헤어드라이어로 천천히 다시 녹인다. 템퍼링은 횟수에 상관없이 얼마든지 다시 할 수 있으므로 작업이 완벽하게 되지 않았다 하더라도 크게 걱정하지 말자. 다만 초콜릿이 수증기나 물에 닿지 않도록 조심해야 한다. 수분이 초콜릿에 엉겨 붙으면 작업 자체가 불가능해지기 때문이다.

1 이중냄비로 초콜릿을 중탕한다. 초콜릿을 내열 그릇에 담은 후 가볍게 끓는 물이 담긴 냄비에 올리면 된다. 이때 그릇의 밑면이 수면에 닿지 않도록 주의한다. 초콜릿이 녹기 시작하면 실리콘 주걱으로 2분마다 저어준다.

2 초콜릿이 녹으면 식품온도계를 꽂아두고 온도를 지속적으로 체크한다. 템퍼링의 성공비결은 정확한 온도조절이다. 초콜릿의 온도가 45℃가 될 때까지 주걱으로 초콜릿을 계속 저어준다.

3 초콜릿의 온도가 45℃에 이르면, 재빨리 찬물이 담긴 소스팬 위로 그릇을 옮긴다(이때의 온도는 템퍼링하는 초콜릿의 종류에 따라 달라지므로 오른쪽 위의 상자글을 참조한다). 온도가 내려가도록 초콜릿을 저어준다.

과학 이야기

초콜릿은 코코아버터 결정체에 코코아와 설탕입자가 들어간 구조다. 초콜릿 안에 존재하는 코코아버터 결정체는 I형, II형, III형, IV형, V형, VI형인데, 각각 성질이 다르지만 오직 V형만이 초콜릿의 아름다운 윤기와 '탁' 하는 경쾌한 소리를 만들 수 있다. 초콜릿을 처음 가열하는 1차 템퍼링 온도에서는 여섯 종류 결정체가 모두 녹는다. 초콜릿을 식히는 2차 템퍼링 온도에서는 IV형과 V형만 살아남는다. 마지막으로 재가열하는 3차 템퍼링 온도에서는 IV형이 녹고 V형만 살아남는다. VI형은 템퍼링 과정에서는 형성되지 않는다.

템퍼링 단계

템퍼링 온도는 코코아콩과 첨가되는 재료에 따라 조금씩 달라질 수 있다. 다음은 다크초콜릿, 밀크초콜릿, 화이트초콜릿을 만들 때의 가장 기본적인 템퍼링 온도를 나타낸 것이다.

초콜릿 종류
- ■ 다크초콜릿
- ■ 밀크초콜릿
- □ 화이트초콜릿

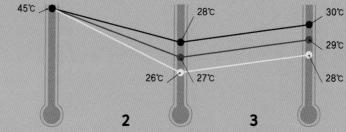

1
가열 온도 종류에 상관없이 모든 초콜릿은 일차적으로 45℃에서 녹는다.

2
냉각 온도 이 온도에서는 IV형과 V형 결정체만 존재한다.

3
재가열 온도 IV형은 녹아서 사라지고 V형만 남는다.

4 초콜릿의 온도를 지속적으로 모니터한다. 온도가 28℃로 내려가면 소스팬 위에 있던 그릇을 작업대에 내려놓는다. 헤어드라이어의 뜨거운 바람을 낮은 단계로 설정한 후 조심스럽게 초콜릿을 재가열한다. 너무 뜨겁게 과열되지 않도록 주의하면서 실리콘 주걱으로 계속 저어준다.

5 초콜릿의 온도가 30℃로 올라가면 템퍼링이 끝난 것이다. 이제 완성품을 만드는 과정으로 넘어가면 된다. 템퍼링 결과를 확인하는 동안 초콜릿을 자주 저어주고, 온도를 일정하게 유지한다. 템퍼링 결과는 베이킹용 양피지 종이로 확인할 수 있는데, 양피지 종이를 초콜릿에 살짝 담갔다가 빼서 냉장고에 바로 넣고 굳힌다.

6 냉장고에 넣은 지 3분이 지나서 양피지 종이를 확인해보면, 겉에 묻은 초콜릿이 굳어서 윤기가 흘러야 한다. 기다란 자국이 남거나 회색빛을 띤다면 템퍼링 1단계부터 다시 시작한다. 결과가 성공적이라면, 템퍼링이 끝난 즉시 바로 완제품 제작에 돌입한다.

전통식 템퍼링 방법

초콜릿을 이중냄비에 중탕한 뒤 흡열 대리석 슬랩에 펼쳐놓고 천천히 식히는 방법은 전통식 템퍼링 기술이다. 완벽히 연마하기에는 까다롭지만, 템퍼링에 실패해도 다시 작업하면 되니까 크게 상관없다. 연습을 거듭하다보면 완벽하게 템퍼링된 초콜릿만의 전형적인 질감을 분간할 수 있게 될 것이다.

무엇이 필요할까?

소요시간
30분

도구
대리석 슬랩 또는 화강암 슬랩 또는 건조한 상태의 깨끗한 작업대

재료
다크초콜릿(대충 썰어놓은 상태) 500g

1 이중냄비에 초콜릿을 중탕한다. 가볍게 끓는 물이 담긴 작은 소스팬 위에 초콜릿을 담은 내열 그릇을 올린다. 그릇의 밑면이 수면에 닿지 않도록 주의한다. 초콜릿이 녹기 시작하면 실리콘 주걱으로 2분마다 저어준다.

2 초콜릿이 녹으면 식품온도계를 꽂아두고 온도를 지속적으로 체크한다. 템퍼링의 성공비결은 정확한 온도조절이다. 초콜릿의 온도가 45℃가 될 때까지 주걱으로 초콜릿을 자주 저어준다.

전자레인지를 이용한 템퍼링

판초콜릿이나 커버추어 초콜릿과 같은 완제품을 사용할 경우, 전자레인지로도 템퍼링을 할 수 있다. 초콜릿을 전자레인지용 용기에 담아 전자레인지에 넣고 돌린다. 이때 20초마다 초콜릿을 꺼내어 꼼꼼하게 잘 저어준다. 초콜릿이 녹기 시작하면 시간 간격을 줄여 10초마다 꺼내서 저어준다. 이때 초콜릿의 온도가 30℃를 넘지 않도록 주의한다. 초콜릿이 거의 다 녹을 때까지 이 과정을 반복하되, 덩어리가 살짝 남도록 한다. 마지막으로 초콜릿이 부드럽게 윤기가 흐르며 걸쭉해질 때까지 잘 저어준다.

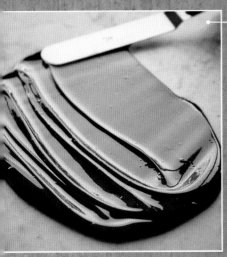

3 초콜릿을 3분의 2만큼 덜어 대리석(또는 화강암) 슬랩에 올린다. 남은 초콜릿은 온도를 따뜻하게 유지한다. 슬랩에 초콜릿을 올린 다음 바로 작업을 시작해야 한다. 팔레트 나이프나 금속 주걱을 이용해 슬랩에 초콜릿을 펴 바르듯이 앞뒤로 계속 움직여준다.

대리석 슬랩에 펼쳐놓은 초콜릿이 일정한 속도로 고르게 식도록 계속 움직여준다

4 초콜릿이 일정한 속도로 고르게 식도록 계속 움직여준다. 초콜릿이 걸쭉해지고 온도가 28℃가 될 때까지 이 작업을 2~3분간 계속한다.

5 슬랩 위의 초콜릿을 다시 그릇에 넣고 남아 있던 초콜릿과 함께 섞어준다. 가볍게 끓는 물이 담긴 소스팬 위에 그릇을 올린다. 너무 뜨겁게 과열되지 않도록 주의하며, 초콜릿이 30℃에 이르러 부드럽고 윤기가 흐를 때까지 중탕한다. 템퍼링 결과를 확인한 후(151쪽 참조) 결과가 성공적이면 바로 완제품 제작에 돌입한다.

판초콜릿과 슬랩 초콜릿 만들기

전문가의 손을 거친 듯이 완벽하게 몰딩된 판초콜릿과 슬랩 초콜릿을 만드는 일은 생각보다 훨씬 쉽다. 자신만의 창작물을 뽐내는 최고의 방법은 빈투바 초콜릿을 만드는 것이다. 초콜릿 본연의 향을 해치는 그 어떠한 요소도 들어가지 않은 순수한 초콜릿을 말이다. 최고의 결과물을 위해 고급몰드를 사용해보자(139쪽 참조).

무엇이 필요할까?

소요시간
15분 + 초콜릿 굳히는 시간

도구
판초콜릿 몰드(139쪽 참조)

재료
템퍼링한 초콜릿(150~153쪽 참조) 300g(정확한 양은 몰드 규격에 따라 다르다)

분량
작은 판초콜릿 6개

1 몰드는 사용 전에 깨끗하고 건조한 상태인지 확인한다(아래 상자글 참조). 템퍼링한 초콜릿을 국자를 이용해 조심스럽게 몰드에 채운다. 몰드 중앙부터 채우기 시작해서 가장자리 쪽으로 국자 바닥으로 부드럽게 밀어준다.

2 몰드에 판초콜릿 칸이 여러 개 있다면, 나머지 칸들도 같은 방식으로 다 채워준다. 몰드를 작업대 위에 올려놓고 여러 번 툭툭 쳐서 기포를 없앤다. 이때 몰드를 수평으로 유지해서 초콜릿이 몰드 밖으로 넘치지 않도록 주의한다.

몰드 관리법

몰드를 처음 사용할 경우, 따뜻한 비눗물로 부드럽게 세척한 후에 사용한다. 이때 수세미는 사용하면 안 된다. 아무리 작은 스크래치라도 초콜릿에 자국이 그대로 남기 때문이다. 부드러운 천으로 몰드를 완전히 닦아서 말린 후에 사용한다. 몰드는 사용할 때마다 매번 세척하지 말고, 휴지, 천, 탈지면 등으로 부드럽게 닦아낸다. 한 번 사용한 몰드에는 코코아버터가 묻어 있어서 윤기가 흐른다. 이 덕분에 다음번 몰딩에서는 초콜릿이 더욱 윤기가 흐르게 된다.

슬랩 초콜릿 만들기

몰드 대신 플라스틱 용기를 사용해서 슬랩 초콜릿을 만들 수 있다. 초콜릿 675g으로 가로, 세로, 높이가 각각 20cm, 14cm, 2cm인 슬랩 초콜릿을 만들 수 있다. 표면에 멋진 대리석 문양을 그리고 싶다면, 슬랩 초콜릿이 굳기 전에 다른 색의 초콜릿을 녹여 그 위에 조금 붓는다. 그러고 나서 이쑤시개로 원하는 문양을 그리면 된다.

3 초콜릿을 채운 몰드를 냉장고에 넣고 20~30분간 굳힌다. 표면에 수분이 응결할 수 있기 때문에 이보다 더 길게 냉장고에 넣어두면 안 된다. 초콜릿이 굳으면 수축하면서 가장자리가 몰드에서 떨어지기 때문에 쉽게 꺼낼 수 있다.

4 몰드 위에 깨끗한 도마나 오븐팬을 올린다. 몰드를 단단히 잡고 도마(또는 오븐팬)와 함께 들어올려 뒤집어준다. 그러면 판초콜릿이 몰드에서 깔끔하게 떨어져 나온다. 완벽하게 템퍼링된 홈메이드 초콜릿이 완성되었다.

향미료 첨가하기

템퍼링이 끝나면, 초콜릿에 여러 향미료를 첨가해볼 수 있다. 몰딩하기 전에 과일조각, 견과류, 향신료 등을 섞어보자. 또는 초콜릿을 채운 몰드 위에 토핑재료를 뿌려보자. 먹음직스러운 바크 초콜릿을 만들어보는 것도 좋은 생각이다. 향미료를 선택할 때는 먼저 초콜릿을 아무것도 넣지 않은 상태에서 맛을 본 뒤, 초콜릿 본연의 향을 보완해줄 수 있는 재료를 선택하면 된다.

바크 초콜릿 만들기

바크(bark) 초콜릿은 얇고 단단한 판 형태의 초콜릿에 토핑재료를 첨가한 것이다. 만드는 법도 간단하고, 원하는 형태로 변신시킬 수 있는 가능성이 무궁무진하다. 다양한 토핑재료를 넣어 알록달록한 색으로 멋지게 표현하면 선물용으로도 매우 좋다. 템퍼링한 초콜릿을 오븐팬에 펼친 뒤에 좋아하는 토핑재료를 뿌려 주면 간단하게 완성된다(맞은편의 '믹스 앤드 매치' 참조).

무엇이 필요할까?

소요시간
10분 + 초콜릿 굳히는 시간

재료
템퍼링한 초콜릿(150~153쪽 참조) 400g
잘게 다진 피스타치오 한 줌
잘게 다진 피칸 한 줌
말린 크랜베리 한 줌
바다소금 2티스푼

분량
큼직한 바크 초콜릿 1개

1 오븐팬에 유산지를 깐다. 국자를 이용해 템퍼링한 초콜릿을 오븐팬 중앙에 부은 뒤 초콜릿이 자연스럽게 퍼지도록 한다. 오븐팬을 작업대 위에 올려놓고 툭툭 쳐서 기포를 없애고 초콜릿을 평평하게 만든다.

2 피스타치오, 피칸, 크랜베리, 바다소금을 초콜릿 위에 뿌려준다. 이때 자신이 좋아하는 다른 토핑재료를 넣어도 좋다(맞은편의 '믹스 앤드 매치' 참조). 초콜릿이 굳기 전에 재빨리 토핑재료를 모두 올린다. 냉장고에 20~30분간 넣었다가 초콜릿이 굳으면 바로 꺼낸다.

믹스 앤드 매치

다크초콜릿, 밀크초콜릿, 화이트초콜릿에 먹음직스럽고 독특한 토핑재료들을 넣어보자. 이때 질감, 외관, 향미를 모두 고려해야 한다. 견과류, 으깬 과자, 프레첼 조각과 같이 덩어리진 토핑재료들은 질감이 부드러운 초콜릿에 어울린다. 보석처럼 생긴 건조과일이나 칠리 플레이크, 오렌지 제스트 등과 같은 향이 강한 향미료를 넣으면, 새로운 향미와 색이 더해진 바크 초콜릿, 판초콜릿, 슬랩 초콜릿이 완성된다.

3 초콜릿이 굳으면 냉장고에서 꺼내어 큼직하게 자른다. 모양은 균일하지 않아도 된다. 바크 초콜릿의 보관 기한은 토핑재료에 따라 다르지만, 밀폐용기에 넣어 서늘하고 건조한 장소에 두면 3개월까지도 보관할 수 있다.

바크 다크초콜릿에 화이트초콜릿을 넣어 대리석 문양을 만들고, 그 위에 프레첼 조각, 칠리 플레이크, 바다소금을 얹었다.

바크 밀크초콜릿에 헤이즐넛과 건포도를 넣었다.

바크 화이트초콜릿에 구운 아몬드 조각과 동결 건조한 라즈베리를 넣었다.

숨겨진 이야기 ┃ 돔 램지(Dom Ramsey)

빈투바 초콜릿 제조자

돔 램지는 초콜릿 전문가이자 런던에 기반을 두고 있는 소규모 빈투바 초콜릿 제조사인 '댐슨 초콜릿'의 설립자다. 돔 램지는 새로운 향미와 재료에 도전하는 것을 즐기며, 최상급 카카오로 유명한 마다가스카르, 탄자니아, 브라질 등지의 농부에게서 직접 코코아콩을 구입한다.

2006년에 초콜릿 전문 블로그인 '초카블로그(Chocablog)'를 운영하기 시작했다.

2015년에 빈투바 초콜릿을 제작하기 시작했다.

초콜릿 아카데미 시상식에서 세 번 우승했다.

10여 년 이상 초콜릿에 대한 글을 쓴 경험을 바탕으로 돔 램지는 직접 초콜릿을 만들어보기로 결심했다. 2015년에 댐슨 초콜릿을 설립해서 현재 런던 북부의 가게와 자신의 주방에서 고급초콜릿을 소규모로 제작하고 있다. 설립 이후 승승장구하던 댐슨 초콜릿은 2015년 초콜릿 아카데미 시상식에서 '주목해야 할 초콜릿 상'을 수상하는 등 초콜릿 대회에서 세 번이나 우승했다.

돔 램지는 코코아콩을 구입할 때도 농부들과 직접 연락하며, 가게에서도 손님과 직접 소통하는 것을 즐긴다. 다양한 종류의 다크초콜릿을 생산하며, 버펄로 젖을 분말로 만든 것이나 영국 앵글시 섬에서 생산한 바다소금과 같은 천연재료를 활용한 다크밀크초콜릿을 만들기도 한다.

댐슨 초콜릿과 같은 소규모 초콜릿 제조사가 계속 늘어나고 있다. 이들의 미래는 매우 밝다. 지속가능성, 윤리성, 원산지 등의 문제에 관심을 갖는 소비자가 점점 많아지고 있기 때문이다. 돔 램지는 초콜릿 제조자로서 소비자에게 모든 재료의 원산지와 제작과정을 하나도 숨김없이 설명할 수 있다. 많은 사람들이 이러한 기풍이 향후 초콜릿 산업의 미래가 될 것이라고 믿고 있다.

초콜릿 생산의 어려움

많은 신생기업들과 마찬가지로 댐슨 초콜릿도 자금을 운용하는 일이 쉽지만은 않다. 특히 최상급 코코아콩을 소량씩 구매하는 일은 더욱 까다롭다. 대부분의 판매구조가 수 톤씩 대량 구매하는 고객들에게 맞춰져 있기 때문이다. 하지만 돔 램지의 경우, 65kg짜리 코코아콩 한두 자루를 소진하는 데도 꽤 오랜 시간이 걸린다. 따라서 농부, 노동조합과 새로운 관계를 구축해야만 했다.

돔 램지의 하루

돔 램지는 자신의 주방에서 작업 중인 초콜릿의 제작단계에 따라 다양한 업무를 수행한다. 코코아콩을 선별하고, 로스팅을 하고, 파쇄하고, 윈노윙을 하고, 특수 장비를 이용해 그라인딩을 하고, 작은 샘플을 만들고, 테이스팅을 하고, 최고의 결과물을 만들기 위해 레시피를 수정한다.

소비자와 직접 소통하는 돔 램지
돔 램지는 가게에서 소비자와 소통하고, 빈투바 초콜릿 제작과정을 알리고, 자신의 초콜릿이 왜 특별한지 설명하는 것을 즐긴다.

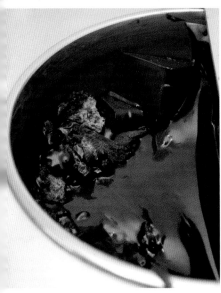

댐슨 초콜릿 제품들
돔 램지의 가게를 찾는 손
님들은 초콜릿을 구매하
기 전에 시식을 통해 다양
한 향미와 강도를 확인할
수 있다.

퍼링 기계
램지는 가열·냉열 온도를 정확하게 조절할 수 있는
전식 템퍼링 기계를 이용한다.

템퍼링 단계 이전의 초콜릿 숙성시키기
초콜릿 향미를 향상시키기 위해 벽돌 형태로 숙성시킨다. 각 라벨에는
초콜릿 재료와 제조시기가 적혀 있다.

가나슈 만들기

초콜릿을 녹여 크림과 섞으면 간단하게 완성되는 가나슈는 많은 초콜릿 레시피의 핵심 비결이다. 이렇게
만든 가나슈는 쉘초콜릿이나 레이어 케이크(layering cake)에 잘 어울린다. 가나슈 만드는 기본기를 완벽히
익혀 다양한 향미와 질감으로 발전시켜보자.

무엇이 필요할까?

소요시간
15분 + 초콜릿 굳히는 시간

재료
더블크림* 200㎖
잘게 자른 고급 다크초콜릿
　200g

분량
가나슈 400g

* 유지방 함량이 45% 이상인 크림-
　옮긴이

1 소스팬에 크림을 넣고 약한 불로 데운
다. 이때 크림이 끓으면 안 된다.

2 불을 끄고 초콜릿을 조금씩 넣는다. 실리콘 주걱
으로 잘 저어준다.

크림 비율에 변화주기

가나슈에 들어가는 크림의 비율을 어떻게
하느냐에 따라 질감을 다르게 만들 수 있
다. 질감이 부드러운 가나슈는 소스용으
로 적당하고, 질감이 단단한 가나슈는 네
모나게 잘라 템퍼링한 초콜릿에 넣는다.
케이크 겉면에 바를 가나슈 글레이즈를
만들 때는 초콜릿에 무가염버터 20g을 넣
는다.

가나슈에 향미료 넣기

가나슈와 향미료는 찰떡궁합이다. 과일퓨레, 리큐어, 견과류, 넛 버터 등의 향미료를 활용해 자신만의 새로운 가나슈를 만들어보는 것은 어떨까? 만약 액상 향미료를 넣고 싶다면 알코올과 오일을 베이스로 한 제품이 좋다. 물을 베이스로 한 향미료를 넣으면 가나슈에 엉겨 붙기 때문이다. 초콜릿에 향미료를 넣은 뒤 크림의 양을 조절해서 원하는 질감을 만들면 된다.

3 초콜릿이 크림에 완전히 녹아들어 부드러운 질감의 가나슈가 완성되면 그릇에 옮겨 담는다.

4 가나슈를 사용하기 전에 1시간가량 냉장고에 넣고 식힌다. 가나슈는 밀봉한 채로 냉장고에 일주일까지 보관할 수 있다.

트뤼플 만들기(롤링과 디핑)

부드러운 가나슈를 바삭한 초콜릿으로 감싸주면, 겉과 속의 식감이 대조를 이루는 매력적인 트뤼플이 탄생한다. 가나슈를 손으로 살살 굴려 템퍼링한 초콜릿에 담갔다가 빼면 신선도가 오래 유지된다. 주방이 살짝 엉망이 될지라도 조금만 인내심을 갖고 연습하면, 누구나 전문가와 비교해도 손색없는 트뤼플 기술을 터득하게 될 것이다.

무엇이 필요할까?

소요시간
30분 + 초콜릿을 식히고 굳히는 시간

도구
제과용 디핑(dipping) 도구(없어도 됨)

재료
가나슈(실온과 비슷한 온도, 160~161쪽 참조) 400g
고급 다크초콜릿(대충 썰어놓은 상태) 500g

분량
트뤼플 30~35개

1 오븐팬 위에 유산지를 깐다. 티스푼 두 개를 이용해 가나슈를 호두 크기로 대충 빚어 오븐팬에 올린다. 가나슈를 모두 둥글게 빚은 뒤, 10분간 냉각시켜 굳힌다.

2 냉장고에서 가나슈를 꺼낸다. 하나하나씩 손에 놓고 굴려 균일한 크기의 공 모양으로 만든다. 가나슈가 녹기 전에 신속히 진행해야 한다. 가나슈를 오븐팬에 올려 다시 냉장고에 넣고 15분간 굳힌다.

3 그동안 150~153쪽에 나와 있는 방법대로 초콜릿을 템퍼링한다. 오븐팬을 하나 더 준비해서 유산지를 깐다.

4 냉장고에서 가나슈를 꺼낸다. 디핑 도구나 일반 포크를 이용해 가나슈를 집는다. 템퍼링한 초콜릿에 가나슈를 완전히 담근다. 포크를 사용하면 초콜릿 표면에 자국이 남지만, 가느다란 철사로 만들어진 디핑 도구를 이용하면 자국이 남지 않는다. 모든 작업은 신속하고 효율적으로 진행되어야 한다.

5 가나슈가 초콜릿으로 완전히 뒤덮이면 조심스럽게 들어올린다. 디핑 도구의 밑 부분을 그릇의 벽면에 스치게 해서 여분의 초콜릿을 덜어낸다. 초콜릿 옷을 입힌 가나슈를 오븐팬에 올린다. 이때 디핑 도구를 살짝 기울여 가나슈가 미끄러지듯 내려가도록 한다. 같은 방법으로 다른 가나슈에도 초콜릿 옷을 입힌다.

6 트뤼플을 냉장고에 다시 넣고 15분간 굳힌다. 완성된 트뤼플은 밀폐 용기에 넣어 서늘하고 어두운 장소에 일주일까지 보관할 수 있다. 다만 수분이 응결되면 표면이 망가지므로 냉장고에는 보관하지 않도록 한다.

트뤼플을 템퍼링한 초콜릿에 완전히 담근다

초콜릿 몰딩하기

쉘초콜릿은 비전문가들이 범접하기 힘든 전문 쇼콜라티에들만의 영역으로 여겨진다. 하지만 초콜릿 애호가들도 쉘초콜릿 기본기를 집에서 쉽게 익힐 수 있다. 쉘초콜릿이란 초콜릿 껍데기 속에 맛있는 재료를 넣은 제품일 뿐이다. 보통 속에는 일반 가나슈가 들어가는데, 여기에 향미료를 첨가한 가나슈도 한번 넣어보자(161쪽 참조).

무엇이 필요할까?

소요시간
35분 + 초콜릿을
  템퍼링하고 굳히는 시간

도구
초콜릿 몰드(24구)(139쪽 참조)
팔레트 나이프
짤주머니 2개
일반 노즐(직경 1cm)

재료
가나슈(실온과 비슷한 온도,
  160~161쪽 참조) 400g
잘게 자른 고급 다크초콜릿
  300g

분량
초콜릿 24개

1 초콜릿 250g을 150~153쪽에 나와 있는 방법대로 템퍼링한다. 국자를 이용해 템퍼링한 초콜릿을 몰드에 채운다. 몰드를 작업대에 올린 뒤 툭툭 쳐서 기포를 없앤다.

2 팔레트 나이프로 몰드 위에 남아 있는 여분의 초콜릿을 긁어낸다. 초콜릿이 굳기 전에 재빨리 긁어낸다.

3 몰드를 거꾸로 뒤집는다. 그러면 초콜릿이 그릇 안으로 떨어지고 몰드의 각 칸에는 얇은 초콜릿 막이 남는다. 팔레트 나이프로 몰드 윗면에 남아 있는 초콜릿을 긁어낸다. 몰드를 작업대에 올린 뒤 툭툭 쳐서 초콜릿 높이를 고르게 만든다.

4 초콜릿을 그대로 1~2분간 굳힌다. 유산지를 깐 오븐팬 위에 몰드를 뒤집어 놓은 후 냉장고에 넣는다. 20분간 냉각시켜 초콜릿을 완전히 굳힌다.

5 짤주머니 끝을 살짝 잘라 작은 구멍을 낸 다음 노즐을 끼운다. 가나슈를 짤주머니에 담고 끝까지 밀어넣은 뒤, 짤주머니 윗부분을 비틀어 쥔다. 가나슈를 짜내어 몰드의 각 칸을 채운다. 이때 몰드 위에서 약 3mm 높이까지만 채운다.

6 몰드를 냉장고에 다시 넣고 20분간 냉각시켜 가나슈를 단단히 굳힌다. 그 동안 남은 초콜릿을 템퍼링해 두 번째 짤주머니에 담는다. 냉장고에서 초콜릿을 꺼낸다. 템퍼링한 초콜릿을 그 위에 얇게 올린다. 몰드를 작업대 위에 올린 뒤 톡톡 친다. 냉장고에 다시 넣어 20분간 굳힌다.

7 초콜릿이 굳으면 몰드에서 꺼내어 유산지를 깐 오븐팬 위에 놓는다. 이때 초콜릿이 몰드에서 깔끔하게 떨어져야 한다. 몰드에 남아 있는 초콜릿은 손으로 몰드를 톡톡 쳐서 제거한다. 완성된 쉘초콜릿은 밀폐 용기에 넣어 서늘하고 어두운 장소에 일주일까지 보관할 수 있다.

초콜릿을 활용한 요리

베이킹과 초콜릿 요리에서 최상의 향미를 뽐내고 싶다면 가능한 품질이 좋은 초콜릿을 구입하도록 하자. 제대로 된 초콜릿 하나만 있으면, 간단한 케이크나 짭짤한 디저트를 환상적인 요리로 재탄생시킬 수 있다. 여기에 초콜릿의 향미를 강화시키는 재료가 첨가된다면 그야말로 금상첨화다.

올바른 초콜릿의 선택

'베이킹 초콜릿'이나 '요리용 초콜릿'을 사용하면, 기대했던 것과는 달리 최상의 결과가 나오기 힘들다. 이러한 제품은 코코아 고형물 함량이 낮고 품질도 좋지 않다. 반면 설탕이나 다른 첨가물의 함량은 매우 높다. 그렇다고 고급초콜릿을 구매하기에는 가격이 부담스럽다. 따라서 베이킹을 자주 하는 편이라면 비교적 가격이 싼 고급 커버추어를 구매하는 것도 좋은 방법이다(맞은편 상자글 참조).

라벨을 확인하자

요리에 사용할 초콜릿을 구매할 때는 라벨의 성분표시를 확인해보자. 간단한 재료 목록이 보일 것이다. 팜유와 같은 식물성지방이나 향미료 또는 바닐린(인공 바닐라 향)이 들어간 제품은 피하는 것이 좋다.

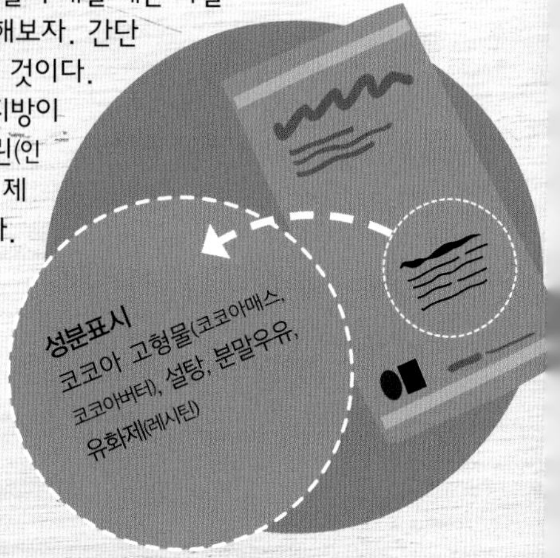

성분표시
코코아 고형물(코코아매스, 코코아버터), 설탕, 분말우유, 유화제(레시틴)

평소 즐겨먹는
초콜릿을 사용한다면,
풍부한 향미가 더해져
더욱 환상적인
레시피가
탄생할 것이다

재료 비율을 확인하자

초콜릿 요리에 사용할 초콜릿은 코코아 고형물 함량이 높아야 한다. 다크초콜릿을 구매할 때는 레시피에 별다른 지시가 없다면 코코아 고형물 함량이 최소한 70%인 제품을 고르자. 밀크초콜릿은 코코아 고형물 함량이 최소한 30%인 제품을 선택하자.

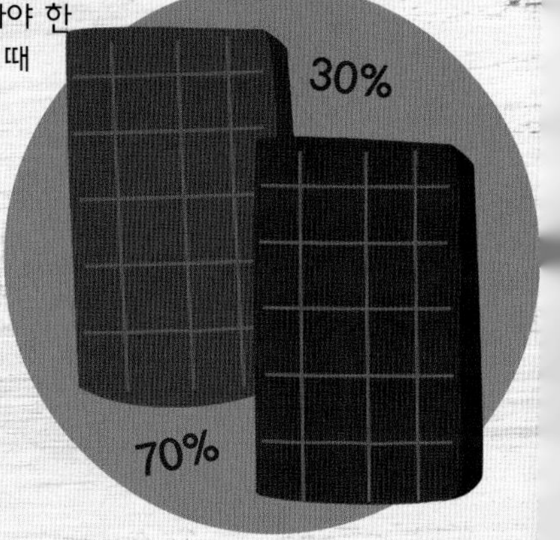

30%

70%

커버추어

전문 쇼콜라티에와 파티시에들은 보통 커버추어 초콜릿을 사용해서 제품을 만든다. 커버추어는 일반 초콜릿보다 코코아버터 함량이 살짝 높다. 덕분에 작업하기도 쉽고, 템퍼링한 초콜릿의 광택도 살아난다. 커버추어는 칩 형태, 동전 형태, 버튼 형태, 커다란 블록 형태로 판매한다. 초콜릿을 이용한 베이킹이나 요리를 자주 하는 편이라면, 대량포장된 제품을 구매하는 것이 비용 면에서 더 효율적이다.

다크초콜릿

다크초콜릿은 쓴맛을 중화시켜주는 치즈케이크나 초콜릿 무스같이 가볍고 달콤한 요리에 사용한다. 플라워리스(flourless: 밀가루를 넣지 않은) 초콜릿 케이크처럼 향미가 강렬한 디저트에 사용하기도 한다.

시작 전에 초콜릿의 맛을 확인하자

베이킹을 시작하기 전에 초콜릿의 맛을 확인하는 것은 매우 중요한 과정이다. 요리에 사용하는 초콜릿이 좋을수록 완성된 요리의 맛도 훌륭해진다. 평소에 즐겨먹지 않는 초콜릿을 사용했다면, 평소보다 괜찮은 요리가 나올 리 만무하다.

밀크초콜릿

아이스크림을 만들 때는 고급 밀크초콜릿을 사용하는 것이 좋다. 다크초콜릿을 차갑게 요리하면 고유의 복합적인 향미가 쉽게 사라지기 때문이다.

향미가 어울리는 초콜릿을 사용하자

만드는 요리의 향미와 질감에 어울리는 초콜릿을 선택해야 한다. 예를 들어서 천연 과일 향이 나는 마다가스카르산 초콜릿은 블랙포레스트 케이크에 어울리며, 진한 향미의 에콰도르산 다크초콜릿은 머드 케이크와 어울린다.

화이트초콜릿

크림 같은 화이트초콜릿을 요리에 사용할 때는 다크초콜릿을 조금 섞어서 단맛을 상쇄시키는 것이 좋다. 또는 베리류 생과를 넣어서 코코아버터의 진한 맛 가운데 새콤한 맛이 살짝 느껴지도록 한다.

코코아파우더

시중에서 쉽게 구매할 수 있는 '천연' 코코아파우더는 대부분의 초콜릿 요리에 어울린다. 단, 레시피 중에는 천연 코코아파우더 대신 '더치식' 코코아파우더를 사용하라고 명시된 경우도 있다. 더치식 코코아파우더는 신맛을 줄이고 견과 향이 나도록 처리한 제품이다.

초콜릿 즐기기

세계 최고의 쇼콜라티에, 파티시에, 초콜릿 전문가들의 레시피를 마음껏 즐
겨보자. 환상적인 식재료의 조합으로 완성된 달콤하고 짭짤한 레시피가 초
콜릿의 향미를 한층 더 극대화시킬 것이다.

에드 킴벌(Edd Kimber)

밀가루를 넣지 않은 초콜릿 & 아몬드 번트케이크

보통 밀가루를 넣지 않은 케이크는 뻑뻑하고 진한 맛을 내지만, 에드 킴벌이 제안하는 레시피는 가벼운 퍼지 케이크와 같은 식감을 낸다. 최상의 향미를 끌어내기 위해 초콜릿과 코코아를 혼합시킨 뒤 초콜릿 드리즐로 마무리한 이 케이크는 단연코 초콜릿 애호가들을 위한 레시피다.

분량 6개

무엇이 필요할까?

소요시간
25~30분

도구
미니 번트케이크 틀(6구)

재료
무가염 버터(네모나게 자른 상태) 115g +
　적당량(틀에 칠할 용도)

베이킹파우더 1티스푼

코코아파우더 30g

아몬드가루 115g

잘게 썬 고급 다크초콜릿(코코아 함량
　60~70%) 155g

큰 달걀(흰자와 노른자를 분리한 상태) 3개

정제당 115g

1 오븐을 180℃로 예열한다. 번트케이크 틀에 버터를 칠한다. 특히 틀의 바닥과 중앙의 원형 둘레를 꼼꼼히 칠한다. 틀을 사용하기 전까지 차갑게 보관한다.

2 베이킹파우더, 코코아파우더, 아몬드가루를 그릇에 넣고 잘 섞어준 뒤, 옆에 놓아둔다. 작은 소스팬에 버터와 초콜릿 55g을 넣고 약한 불로 열을 가한다. 버터와 초콜릿이 녹아서 잘 섞이도록 중간 중간 저어준다. 옆에 놓아둔다.

3 설탕 절반과 달걀노른자를 커다란 그릇에 넣고 옅은 색이 될 때까지 소형 전기거품기로 휘젓는다. 여기에 2번의 초콜릿 혼합물을 천천히 부으면서 실리콘 주걱으로 잘 섞어준다. 그런 다음 2번의 코코아파우더 혼합물을 넣고 잘 섞어준다.

4 별도의 커다란 그릇에 달걀흰자를 넣고 거품기로 휘젓는다. 거품기로 찍어 거꾸로 세웠을 때 끝이 약간 휘어지는 소프트 픽(soft peak) 상태로 만든다. 저으면서 남은 설탕을 천천히 넣는다. 끝이 단단히 서는 스티프 픽(stiff peak) 상태의 머랭을 만든다.

5 머랭 3분의 1가량을 3번의 혼합물에 넣고 거품이 죽지 않도록 조심스럽게 섞는다. 나머지 머랭도 같은 방식으로 두 번에 나누어 섞어준다.

6 번트케이크 틀에 5번의 혼합물을 균등하게 나누어 담은 뒤 15분간 굽는다. 꼬챙이로 케이크를 찔렀다가 다시 뺐을 때 아무것도 묻어나지 않아야 한다. 다 구워지면 틀 안에서 10분간 식힌다. 그런 다음 틀을 뒤집어서 케이크를 식힘망에 올린 뒤 완전히 식힌다.

7 초콜릿이 담긴 내열 그릇을 가볍게 물이 끓는 냄비 위에 올려 중탕한다. 초콜릿이 완전히 녹을 때까지 잘 저어준다. 이때 그릇의 밑면이 수면에 닿지 않게 주의한다.

8 완전히 식은 번트케이크 위에 녹인 초콜릿을 흩뿌린다. 번트케이크는 토핑을 뿌리지 않은 상태에서 밀폐용기에 담아 2~3일간 보관할 수 있다.

팁! 케이크가 틀에서 잘 떨어지지 않을 경우, 끓는 물에 적신 깨끗한 행주 위에 케이크 틀을 올려놓는다. 5~10분간 기다렸다가 6번처럼 틀을 뒤집어 식힘망에 올리면, 케이크가 쉽게 떨어진다.

브라이언 그래햄(Bryan Graham)

피넛 지안두야 & 초콜릿 수플레

구름 같이 폭신한 수플레를 한입 깨물면, 예상치 못한 땅콩 맛 페이스트에 한 번 더 놀라게 된다. 이탈리아 토리노의 명물인 지안두야*는 전통적으로 헤이즐넛과 밀크초콜릿을 넣어 만든 달콤한 견과류 페이스트다. 땅콩과 화이트초콜 릿이 들어간 새로운 버전의 지안두야가 진한 초콜릿 수플레 속에 녹아드는 맛을 느껴보자.

분량 6개

무엇이 필요할까?

소요시간
1시간 5분~1시간 25분 + 냉각하는 시간

도구
램킨볼(150㎖) 6개

재료
무가염 버터 75g + 적당량(틀에 칠할 용도)

중력분 30g + 적당량(덧가루용)

잘게 썬 고급 다크초콜릿(코코아 함량 70%) 80g

달걀 3개

정제당 75g

더블크림(휘저어서 되직하게 만든 상태) 적당량

깎아서 부스러기로 만든 고급 다크초콜릿(코코아 함량 70%, 장식용) 적당량

지안두야 재료
무가염 생땅콩(껍질을 벗긴 상태) 100g

잘게 썬 화이트초콜릿 100g

1 오븐을 160℃로 예열한다. 램킨볼에 버터를 칠한 후 덧가루를 살짝 뿌려 옆에 놓 아둔다.

2 지안두야에 넣을 땅콩을 15~20분간 오븐에 노릇하게 굽는다. 오븐을 끄고, 소형 푸드 프로세서에 땅콩을 간다. 땅콩이 고운 가루가 되었다가 점차 되직한 페이스 트 형태로 바뀌면 그릇에 담아 옆에 놓아둔다.

3 화이트초콜릿을 템퍼링(150~153쪽 참조)한 뒤 2번의 땅콩 페이스트에 넣는다. 잘 저어서 완전히 혼합시킨 뒤, 냉장고에 넣고 약 1시간 30분 동안 굳힌다. 그런 다 음 티스푼으로 한 덩어리씩 떠서 손으로 굴려 균일한 공 모양을 만든다. 그릇에 담아 위를 덮은 뒤 옆에 놓아둔다.

4 오븐을 160℃로 예열한다. 잘게 썬 다크초콜릿을 내열 그릇에 담아 놓는다. 버터 를 소스팬에 넣고 중약불로 녹인다. 버터가 가볍게 끓기 시작하면, 초콜릿 위에 붓고 휘젓는다. 덩어리진 부분 없이 부드럽게 녹을 때까지 휘저은 뒤 옆에 놓아둔다.

5 수플레 반죽을 만든다. 소형 전기거품기의 강도를 가장 센 단계와 중간 단계 사이 로 설정한다. 달걀과 설탕이 옅은 색이 될 때까지 3~4분간 거품기로 휘젓는다. 이 때 공기가 너무 많이 혼입되지 않게 한다.

6 거품기의 강도를 약한 단계로 낮춘 뒤, 4번의 초콜릿 혼합물을 천천히 붓는다. 내 용물이 잘 섞이도록 거품기로 휘젓는다. 여기에 밀가루를 넣고 실리콘 주걱을 이 용해 거품이 죽지 않도록 조심스럽게 섞는다.

7 둥글게 빚어놓은 지안두야를 각각의 램킨볼에 하나씩 담는다. 수플레 반죽을 램 킨볼에 균일하게 나누어 담는다. 수플레가 잘 익고 지안두야가 완전히 녹을 때까 지 12~13분간 굽는다.

8 수플레가 다 구워지면 1분간 실온에 놓아둔다. 그런 다음 휘핑크림과 깎아서 부스 러기로 만든 다크초콜릿을 수플레 위에 올려 먹는다.

팁! 지안두야에 넣을 땅콩을 직접 굽고 가는 과정을 생략하고 싶다면, 첨가물이 들어 가지 않은 고급 땅콩버터를 사용하면 된다. 부드러운 땅콩버터 100g를 템퍼링한 화이 트초콜릿과 잘 섞은 뒤 냉장고에 넣어 굳힌다(3번 참조).

* gianduja; 구운 견과류를 갈아서 초콜릿과 섞은 페이스트–옮긴이

리자베스 플래내건(Lisabeth Flanagan)

메이플 시럽 & 바다소금 퐁당쇼콜라

리자베스처럼 추운 기후에 익숙한 캐나다인에게 초콜릿과 메이플 시럽은 매우 친숙한 조합이다. 리자베스는 퐁당쇼
콜라을 만들 때마다 주방 창가 너머로 보이는 큰 단풍나무를 바라보며 캐나다인으로서 민족적 뿌리와 레시피 재료의
'뿌리'를 되새긴다.

분량 8개

무엇이 필요할까?

소요시간
55분~1시간

도구
원추형 다리올* 몰드(150㎖) 또는 푸딩그릇
8개

재료
무가염 버터 175g + 적당량(틀에 칠할 용도)

중력분 115g + 적당량(덧가루용)

잘게 썬 고급 다크초콜릿(코코아 함량 70%)
250g

메이플 시럽 350㎖

달걀 2개 + 노른자 4개

바다소금 플레이크 1티스푼

싱글크림, 바닐라 아이스크림, 생크림 중
하나

굵은 메이플 설탕 2테이블스푼(장식용, 생략
가능)

글레이즈 재료
잘게 썬 고급 다크초콜릿(코코아 함량
70%) 115g

메이플 시럽 75㎖

* dariole: 원추형 모양 또는 알 모양으로 생긴 빵을 만
드는 베이킹 몰드-옮긴이

1 오븐을 220℃로 예열한다. 몰드에 버터를 칠하고 덧가루를 살짝 뿌린다. 내열 그
릇에 초콜릿과 버터를 담고 가볍게 물이 끓는 작은 소스팬 위에 올려 중탕한다. 이
때 그릇의 밑면이 수면에 닿지 않게 주의한다. 덩어리진 부분이 없도록 잘 섞어준다.

2 소스팬의 불을 끄고 내열 그릇을 꺼낸다. 내열 그릇에 메이플 시럽을 넣고 잘 섞
어준다. 그런 다음 달걀과 노른자를 넣고 덩어리진 부분이 없도록 잘 휘젓는다. 밀
가루와 소금도 넣고 저어준다.

3 완성된 반죽을 몰드에 균일하게 나누어 담는다. 몰드 높이의 4분의 3정도만 채
우면 된다. 오븐팬에 올려 12~13분간 굽는다. 반죽이 잘 익되, 케이크 안쪽은 액
체 상태여야 한다.

4 그동안 글레이즈를 만든다. 초콜릿과 메이플 시럽을 내열 그릇에 넣고 가볍게 물
이 끓는 작은 소스팬 위에 올려 중탕한다. 이때 그릇의 밑면이 수면에 닿지 않게
주의한다. 글레이즈가 너무 되직해서 붓기 힘들면, 따뜻한 물 1~2티스푼을 첨가한다.

5 몰드를 뒤집어서 케이크를 뺀 후 각각의 접시에 하나씩 올린다. 케이크 위에 글레
이즈를 뿌리고, 싱글크림이나 바닐라 아이스크림 또는 생크림을 올려 바로 먹는
다. 기호에 따라 메이플 설탕을 뿌려 먹어도 좋다.

미카 카-힐(Micah Carr-Hill)

다크초콜릿 치즈케이크

풍부한 초콜릿 향미가 담긴 이 진하고 크림 같은 치즈케이크에는 생각보다 설탕이 많이 들어가지 않는다. 미카 카-힐은 생강쿠키를 이용해 케이크 밑단을 만들었는데, 덕분에 초콜릿 필링과 대비되는 은은한 향과 식감이 가미되었다.

분량 12~14인분

무엇이 필요할까?

소요시간
1시간 50분 + 식히고 냉각하는 시간

도구
스프링폼팬(22cm)

재료
무가염 버터 50g
고급 생강쿠키(레몬유를 넣지 않은 제품) 200g
탈지분유 20g
바다소금 ¾티스푼
더블크림 4테이블스푼
싱글크림(가볍게 휘저은 상태) 적당량

필링 재료
잘게 썬 고급 다크초콜릿(코코아 함량 70%) 200g
크림치즈 425g
사워크림 135g
큰 달걀 4개
정제당 90g
코코아파우더(체로 거른 상태) 25g
바다소금 넉넉히 2꼬집
바닐라 농축액 ⅛티스푼

1 오븐을 110℃로 예열한다. 작은 소스팬에 버터를 넣고 약한 불로 녹인다. 스프링폼팬에 버터를 칠한다. 남은 버터는 옆에 놓아둔다.

2 생강쿠키를 푸드 프로세서로 갈아 빵부스러기처럼 만든다. 스프링폼팬 벽면에 쿠키 부스러기 2테이블스푼을 뿌린다. 남은 부스러기는 푸드 프로세서에 다시 담는다.

3 탈지분유와 소금을 푸드 프로세서에 넣고, 순간작동 버튼을 짧게 눌러 쿠키 부스러기와 섞어준다. 여기에 녹인 버터와 더블크림을 넣고 섞어준다. 완성된 반죽을 스프링폼팬에 넣어 케이크 밑단을 만든다. 이때 반죽의 가장자리를 살짝 위쪽으로 밀어준다. 덮어서 냉장고에 넣는다.

4 필링을 만든다. 초콜릿이 담긴 내열 그릇을 가볍게 물이 끓는 냄비 위에 올려 중탕한다. 잘 저어서 덩어리진 부분 없이 부드럽게 녹인다. 이때 그릇의 밑면이 수면에 닿지 않게 주의한다.

5 크림치즈와 사우어크림을 덩어리진 부분이 없도록 잘 휘젓는다. 별도의 그릇에 달걀과 설탕을 넣고 마찬가지로 휘젓는다. 그런 다음 두 혼합물을 합친 뒤 잘 섞어준다.

6 녹인 초콜릿을 5번의 혼합물에 넣고 잘 섞이도록 휘젓는다. 여기에 체에 거른 코코아파우더를 넣고 휘젓는다. 소금과 바닐라 농축액으로 간을 맞춘다. 맛을 보고 필요하면 소금과 바닐라 농축액을 추가한다.

7 냉장고에서 스프링폼팬을 꺼내 오븐팬에 올린다. 생강쿠키 밑단 위에 6번의 반죽을 부어 스프링폼팬을 채운다. 오븐에 1시간 20분간 굽는다.

8 케이크가 다 구워지면 오븐에서 꺼낸다. 케이크 중앙의 겉면이 살짝 흔들리되, 갈라지거나 금이 가서는 안 된다. 날카로운 칼을 케이크 옆면을 따라 이동시켜, 케이크를 스프링폼팬 벽면에서 떨어뜨린다.

9 오븐을 끄고 치즈케이크를 다시 오븐에 넣는다. 오븐 문을 열어둔 채 케이크를 천천히 식히면, 케이크가 갈라지는 것을 방지할 수 있다.

10 케이크가 식으면 겉을 감싸 냉장고에 밤새 놓아둔다. 최소한 2시간 이상 냉각시켜야 한다. 치즈케이크를 깔끔하게 자르려면, 날카로운 칼을 이용해야 한다. 케이크를 자를 때마다 끓는 물에 칼을 담갔다가 물기를 닦은 후 사용한다. 준비한 싱글크림을 곁들여 먹으면 좋다. 치즈케이크는 잘 감싼 상태에서 냉장고에 일주일까지 보관할 수 있다.

분량 10~12인분

무엇이 필요할까?

소요시간
1시간 10분 + 식히는 시간

도구
원형팬(26㎝) 2개

재료
무가염 버터 50g + 적당량(틀에 칠할
  용도)
중력분 50g
코코아파우더 25g
잘게 썬 고급 다크초콜릿(코코아 함량
  65~70%) 50g
마지팬(갈아놓은 상태) 215g
아이싱슈거 65g
달걀(흰자와 노른자를 분리한 상태) 6개
정제당 65g
고급 살구 잼 120g
마지팬 반죽(밀어서 넓게 편 상태) 1장
얇게 썬 화이트초콜릿 50g
휘핑크림 적당량(생략 가능)

초콜릿 글레이즈 재료
잘게 썬 다크초콜릿 커버추어 120g
더블크림 115㎖
정제당 100g
코코아파우더 40g

크리스티앙 휨(Christian Hümbs)
자허토르테(SACHERTORTE)

19세기에 오스트리아에서 발명한 이 다크초콜릿 토르테*는 견과류 맛의 마지팬과 살구 잼 그리고 진한 초콜릿이 완벽한 조화를 이룬다. 일반 판초콜릿보다 코코아버터 함량이 높은 고급 커버추어를 사용해서 전문가 수준의 완벽한 글레이즈를 만들어 케이크에 매끈한 광택을 더했다.

1 오븐을 180℃로 예열한다. 원형팬에 버터를 칠한 뒤 베이킹용 유산지를 깐다. 커다란 그릇에 밀가루와 코코아파우더를 넣고 섞는다. 별도의 내열 그릇에 초콜릿과 버터를 넣고, 가볍게 물이 끓는 냄비 위에 놓고 중탕한다. 내용물이 녹을 때까지 잘 저어준다. 이때 내열 그릇의 밑면이 수면에 닿지 않게 주의한다.

2 갈아놓은 마지팬과 아이싱슈거를 푸드 프로세서에 넣고 섞어준다. 여기에 노른자 6개, 흰자 2개, 찬물 65㎖를 차례로 넣고 덩어리진 부분이 없도록 휘젓는다.

3 남은 흰자를 별도의 그릇에 넣고 휘젓는다. 내용물을 거품기로 찍어 거꾸로 세웠을 때 끝이 약간 휘어지는 소프트 픽 상태로 만든다. 여기에 설탕을 1테이블스푼씩 넣고 휘젓는다. 끝이 단단히 서는 스티프 픽 상태가 될 때까지 설탕을 소량씩 넣고 휘젓는 것을 반복한다.

4 머랭을 조금 덜어내어 2번의 마지팬 혼합물에 넣고 거품이 꺼지지 않도록 조심스럽게 섞는다. 여기에 1번의 코코아파우더 혼합물을 넣고 조심스럽게 섞는다. 1번의 초콜릿 혼합물도 넣고 마찬가지로 조심스럽게 섞는다. 이 과정을 각 재료가 모두 소진될 때까지 반복한다.

5 완성된 반죽을 두 개의 원형팬에 균일하게 나누어 담는다. 오븐 중앙에 원형팬을 놓고 케이크가 단단해질 때까지 16~17분간 굽는다. 오븐에서 케이크를 꺼내서 식힌다.

6 글레이즈를 만든다. 내열 그릇에 커버추어 초콜릿을 담아 놓는다. 더블크림 75㎖를 끓여 커버추어 초콜릿 위에 붓는다. 30초간 기다렸다가 실리콘 주걱으로 젓는다. 걸쭉해지면서 윤기가 흐를 때까지 계속 저어준다.

7 소스팬에 찬물 250㎖를 붓고 설탕을 넣어 용해시킨 뒤 끓인다. 여기에 코코아파우더를 넣고 저은 뒤 다시 끓인다. 남은 더블크림을 마저 넣고 다시 끓인다.

8 소스팬의 불을 끈다. 소스팬 속의 내용물을 6번의 커버추어 혼합물에 붓고 섞는다. 이때 최대한 공기가 혼입되지 않도록 한다. 겉을 감싸서 식힌 뒤 냉장고에 넣는다.

9 냄비에 살구 잼을 넣고 약한 불에 살짝 데운다. 원형팬과 케이크를 분리시킨다. 케이크 하나에 살구 잼 절반을 펴 바른다. 나머지 케이크를 그 위에 올리고 남은 살구 잼을 케이크 전면에 얇게 바른다.

10 마지팬 반죽의 중심이 케이크 중앙에 오도록 위치시킨 후 조심스럽게 반죽을 케이크에 씌운다. 이때 들뜨는 부분이 없도록 반죽을 바깥쪽으로 살짝 밀면서 케이크에 밀착시킨다. 케이크 옆면도 마찬가지로 반죽을 눌러 밀착시켜준다. 반죽이 찢어진 부분이 있으면, 꼬집어서 붙인 뒤 손가락으로 문질러서 표면을 다시 매끈하게 만든다. 케이크를 감싸고 남은 반죽은 케이크 크기에 맞춰 둥글게 잘라낸다. 석쇠를 놓은 오븐팬 위에 케이크를 올린다.

11 초콜릿 글레이즈를 내열 그릇에 담고 물이 가볍게 끓는 냄비 위에 올려 데운다. 이때 글레이즈가 너무 뜨겁게 과열되지 않도록 많은 주의를 기울여야 한다. 동시에 화이트초콜릿도 같은 방식으로 중탕한다. 이때 내열 그릇의 밑면이 수면에 닿지 않게 한다.

12 따뜻하게 데운 글레이즈를 케이크 위에 조금씩 붓는다. 팔레트 나이프를 이용해 글레이즈를 케이크 전면에 평평하게 바른다. 그 위에 화이트초콜릿을 부어 얇은 선을 그린 다음 이쑤시개로 깃털 모양을 만든다. 케이크를 식혀 기호에 따라 휘핑크림을 곁들여 먹는다. 케이크는 밀폐용기에 넣어 3일까지 보관할 수 있다.

팁! 얇게 편 마지팬 반죽은 베이킹 전문점이나 마트에서 구할 수 있다. 만약 얇게 편 마지팬 반죽이 없다면, 집에서 직접 만들면 된다. 마지팬 반죽 덩어리 250g에 아이싱슈거 125g과 럼 1테이블스푼을 넣고 이긴다. 반죽을 유산지 위에 놓고 랩을 씌운 뒤 밀방망이로 밀어 5mm 두께의 둥근 형태를 만든다.

* torte: 스펀지 시트에 잼이나 크림을 샌드해서 만드는 과자—옮긴이

브라이언 그래햄

스타우트 맥주 & 다크초콜릿 케이크

맥주와 초콜릿의 균형 잡힌 조합은 환상적인 맛을 연출한다. 브라이언 그래햄도 두 재료를 조합시킨 케이크 레시피를 선보인 바 있다. 스타우트 맥주의 톡 쏘는 맛이 진하고 촉촉한 스폰지 케이크에 새로운 식감을 더한다.

분량 10~12인분

무엇이 필요할까?

소요시간
1시간 5분 + 식히는 시간

도구
높은 원형팬(20cm) 2개
거품기 달린 믹서

재료
무가염 버터 300g + 적당량(틀에 칠할 용도)
스타우트 맥주 330㎖
정제당 580g
중력분 270g
코코아파우더 85g
베이킹파우더 1티스푼
소금 넉넉히 1꼬집
바닐라 꼬투리 1개에서 나온 씨앗
꿀 130g
달걀 5개
버터밀크 75g
곱게 간 고급 다크초콜릿(코코아 함량 70%)
　175g
다크초콜릿 컬(장식용)

가나슈 재료
잘게 썬 고급 다크초콜릿(코코아 함량 70%)
　340g
더블크림 255g
스타우트 맥주 85㎖
무가염 버터(무른 상태) 45g

1 오븐을 160℃로 예열한다. 원형팬에 버터를 칠한 뒤 유산지를 간다. 작은 소스팬에 스타우트 맥주 80㎖를 붓고 중간 불에 끓인다. 여기에 설탕 80g을 넣고 저어서 용해시킨다. 스타우트 시럽이 완성되면 불을 끄고 식힌다.

2 밀가루, 코코아파우더, 베이킹파우더를 체에 걸러 그릇에 담는다. 믹서에 버터, 남은 설탕, 소금, 바닐라 씨앗을 넣고 거품이 많은 옅은 크림색이 될 때까지 간다. 여기에 꿀을 넣고 작동 버튼을 잠시 눌렀다 뗀다. 그런 다음 달걀을 넣고 똑같이 반복한다.

3 밀가루 혼합물 3분의 1을 믹서에 넣고 느린 속도로 간다. 재료가 모두 섞이면 믹서를 멈추고 버터밀크를 천천히 붓는다. 밀가루 혼합물 3분의 1을 믹서에 또 넣은 뒤, 남은 스타우트 맥주를 붓는다. 나머지 밀가루 혼합물도 믹서에 넣고 재료가 완전히 섞이도록 간다. 완성된 반죽에 갈아놓은 초콜릿을 조심스럽게 섞는다.

4 원형팬 두 개에 반죽을 균일하게 담은 뒤 오븐에 50분간 굽는다. 이쑤시개를 케이크 중심까지 찔렀다가 뺐을 때 묻어나는 것이 없어야 한다. 오븐에서 꺼낸 케이크를 원형팬 안에 그대로 두고 식힌다.

5 케이크를 식히는 동안 가나슈를 준비한다. 중간 크기의 내열 그릇에 잘게 썬 초콜릿을 담아 놓는다. 소스팬에 크림과 스타우트 맥주를 넣고 은근히 끓인다. 이때 내용물을 팔팔 끓이면 안 된다.

6 소스팬에 불을 끈다. 내용물을 초콜릿이 담긴 그릇에 붓고 1~2분간 기다린다. 그릇에 버터를 넣고 중심부터 젓기 시작해서 바깥쪽으로 작은 원을 그리면서 잘 섞어준다. 초콜릿 혼합물을 믹서에 붓고 잠시 식혔다가 케이크에 바를 수 있을 정도의 질감이 될 때까지 거품기로 휘젓는다.

7 케이크가 식으면 원형팬과 분리시킨다. 1번의 스타우트 시럽을 케이크 한 개의 윗면에 팔레트 나이프로 부드럽게 바른다. 그런 다음 가나슈 몇 스푼을 넉넉히 얹은 뒤 펼쳐 바른다.

8 첫 번째 케이크 위에 두 번째 케이크를 올린 뒤 스타우트 시럽을 발라 흡수시킨다. 그런 다음 팔레트 나이프로 케이크 전면에 가나슈를 얇게 바른다. 냉장고에 넣고 15분간 냉각시킨다.

9 케이크를 냉장고에서 꺼낸다. 케이크 전면에 가나슈를 한 번 더 발라준 뒤 초콜릿 컬로 장식한다. 케이크는 잘 감싼 상태에서 냉장고에 이틀까지 보관할 수 있다. 냉장고에서 꺼낸 케이크는 실온으로 될 때까지 기다렸다가 먹는 것이 좋다.

크리스티앙 큄

발사믹 그레이즈를 바른 체리 초콜릿 무스

체리 퓨레, 부드러운 초콜릿 무스, 견과류 크럼블이 층층이 쌓인 무스케이크는 명실상부한 디저트계의 강자다. 공기가 충분히 혼입된 폭신한 무스를 만들려면 초콜릿을 섞을 때 달걀거품이 꺼지지 않게 주의해야 한다.

분량 6개

무엇이 필요할까?

소요시간
20~30분 + 식히고 기다리는 시간

도구
유리잔(150㎖) 또는 램킨볼 6개

재료
씨를 뺀 생체리(또는 냉동체리) 330g
아이싱슈거 1테이블스푼
숙성시킨 고급 발사믹 식초 50㎖
정제당 90g
잘게 썬 고급 다크초콜릿(코코아 함량 70%)
   100g
달걀노른자 3개
더블크림 185㎖
다크초콜릿 컬(장식용)

크럼블 토핑 재료
무가염 버터 50g
중력분 80g
헤이즐넛 가루 30g
데메라라* 설탕 40g
바닐라 설탕(또는 바닐라 농축액 ¼티스푼과 섞
   은 정제당) 20g

* demerara: 굵은 황갈색 조당—옮긴이

1 체리 100g과 아이싱슈거를 블렌더(또는 푸드 프로세서)에 곱게 간 뒤 5분간 체에 받쳐놓는다. 체 위에 남은 체리 퓨레는 작은 그릇에 따로 담아둔다.

2 체에 거른 체리 즙으로 글레이즈를 만든다. 작은 소스팬에 체리 즙을 붓고 중약불로 끓인다. 여기에 발사믹 식초와 정제당 2테이블스푼을 첨가한다. 설탕이 용해될 때까지 저어주면서 은근히 끓인다. 글레이즈의 양이 3분의 2로 줄어들 때까지 10분간 졸여 걸쭉한 시럽 형태로 만든다.

3 글레이즈 1테이블스푼을 체리 퓨레에 넣고 잘 섞은 뒤 옆에 놓아둔다. 글레이즈가 담긴 소스팬에 체리 6개를 넣고 뒤적여서 글레이즈를 골고루 묻힌다. 체리를 접시에 올려 옆에 놓아둔다.

4 초콜릿이 담긴 내열 그릇을 물이 가볍게 끓는 냄비 위에 올려 중탕한다. 초콜릿이 완전히 녹을 때까지 잘 저어준다. 이때 그릇의 밑면이 수면에 닿지 않게 주의한다.

5 달걀노른자와 남은 설탕을 중간 크기의 그릇에 담는다. 소형 전기거품기를 이용해 옅은 색의 걸쭉한 크림이 될 때까지 휘젓는다. 별도의 그릇에 더블크림을 넣고 스티프 픽 상태가 될 때까지 휘젓는다.

6 실리콘 주걱을 이용해서 녹인 초콜릿을 조금 덜어내어 달걀 혼합물에 섞어준다. 그런 다음 나머지 초콜릿도 마저 섞어준다. 더블크림 3분의 1도 넣고 섞어준다. 나머지 더블크림도 소량씩 넣으면서 얼룩진 부분이 없도록 잘 저어준다.

7 남은 체리를 유리잔에 나눠 담는다. 그런 다음 체리 퓨레를 각 유리잔에 한 스푼씩 담는다. 6번의 초콜릿 무스도 유리잔에 채운 뒤 1시간 동안 냉각시켜 굳힌다.

8 오븐을 190℃로 예열한다. 크럼블 토핑 재료를 모두 푸드 프로세서에 넣고 잘 섞어준다. 유산지를 깐 오븐팬 위에 내용물을 얇고 평평하게 펼쳐놓는다. 오븐에 넣고 10분간 굽는다. 다 구워지면 2분간 식혔다가 작은 조각으로 부순다.

9 무스케이크를 먹기 10~15분 전에 냉장고에서 꺼낸다. 크럼블, 초콜릿 컬, 글레이즈를 입힌 체리를 무스케이크에 올려 먹는다. 무스케이크는 토핑 재료를 얹지 않고 잘 감싼 상태로 냉장고에서 이틀간 보관할 수 있다.

샬롯 플라워(Charlotte Flower)

고수 & 레몬 초콜릿

샬롯 플라워는 평소에 야생허브와 가든허브를 즐겨 사용한다. 선명한 색과 향미가 있는 생고수를 사용한 것은 그야말로 새로운 시도다. 여기에 레몬까지 더해 화이트초콜릿의 단맛을 중화시켰다. 궁극의 부드러움을 간직한 가나슈는 초콜릿과 완벽한 조화를 이룬다.

분량 24개

무엇이 필요할까?

소요시간
1시간 30분 + 허브 우리는 시간 + 초콜릿을 밤새 식히는 시간

도구
폴리카보네이트 초콜릿 몰드(24구, 139쪽 참조)
디지털 식품온도계
일회용 짤주머니 2개
일반 노즐(작은 것) 1개

재료
더블크림 90㎖
생고수 잎과 줄기(큼직하게 다진 상태) 20g
레몬 제스트 1개분
잘게 썬 고급 다크초콜릿(코코아 함량 70%) 300g
곱게 간 고급 화이트초콜릿 165g

1 더블크림을 소스팬에 넣고 끓기 직전까지 데운다. 이때 더블크림이 끓으면 안 된다. 소스팬의 불을 끄고, 재빨리 고수와 레몬 제스트를 넣는다. 잘 저은 뒤 뚜껑을 덮고 1시간 동안 고수를 우린다.

2 다크초콜릿 240g을 템퍼링한다(150~153쪽 참조). '초콜릿 몰딩하기'(164~165쪽 참조)편의 1~4단계를 따라 초콜릿 껍데기가 될 부분을 몰드에 채운다.

3 화이트초콜릿을 내열 그릇에 담아 놓는다. 고수를 우린 더블크림을 실리콘 주걱으로 저으면서 중약불로 끓인다. 기포가 조금씩 올라오면서 끓기 시작하면 불을 끄고 체에 걸러 화이트초콜릿 위에 붓는다. 이때 숟가락 뒷면으로 체 위에 남은 내용물을 눌러 더블크림을 최대한 짜낸다.

4 내열 그릇을 작업대에 올려놓고 툭툭 쳐서 더블크림이 초콜릿 속에 퍼지게 만든다. 내용물이 녹도록 30초간 기다린 뒤, 거품기로 젓는다. 이때 세게 휘젓지 말고 천천히 부드럽게 젓는다. 덩어리진 부분이 있으면, 헤어드라이어로 조심스럽게 열을 가하면서 젓는다. 이때 디지털 식품온도계를 이용해 내용물의 온도가 31℃를 넘지 않게 주의한다.

5 내용물을 계속 저어서 덩어리진 부분이 없는 부드러운 가나슈를 만든다. 가나슈의 온도가 30℃ 이하를 유지하도록 온도계를 계속 확인한다. 가나슈가 식으면 걸쭉해지므로 최대한 작업을 신속히 해야 한다.

6 짤주머니 끝을 살짝 잘라 구멍을 낸 뒤 노즐을 끼운다. 가나슈를 짤주머니에 담고 끝까지 밀어 넣은 다음 짤주머니 윗부분을 비틀어 쥔다. 2번 몰드의 초콜릿 껍데기 속에 가나슈를 채운다. 나중에 껍데기에 뚜껑을 덮듯이 가나슈 위를 초콜릿으로 덮어야 하므로, 몰드 위에서 약 2mm 아래 높이까지만 가나슈를 채운다. 몰드를 유산지로 감싸 밤새 놓아두면 가나슈가 완전히 굳는다.

7 남은 초콜릿을 템퍼링해 두 번째 짤주머니에 담는다. 6번 몰드의 각 칸을 초콜릿으로 덮는다. 몰드를 작업대 위에 올려놓고 툭툭 친 다음 냉장고에 넣고 20분간 굳힌다.

8 초콜릿이 굳으면 몰드를 뒤집어 오븐팬이나 접시에 초콜릿을 올린다. 초콜릿은 밀폐용기에 넣어 서늘하고 어두운 장소에 일주일까지 보관할 수 있다.

샬롯 플라워

곰파 트뤼플

곰파(wild garlic leaf)와 초콜릿은 흔하지 않은 조합이다. 하지만 곰파의 그윽한 향과 쌉싸름한 맛이 초콜릿과 환상의 궁합을 이루어 식전에 입맛을 돋우기에 안성맞춤이다. 트뤼플에 코코아파우더 대신 씹히는 식감이 일품인 볶은 참깨를 입혀도 좋다.

분량 18~20개

무엇이 필요할까?

소요시간
1시간 15분 + 곰파 우리는 시간 + 초콜릿을
 밤새 식히는 시간

도구
일회용 위생장갑

재료
더블크림 80㎖
잘게 다진 곰파 또는 곰마늘* 잎 4g
곱게 간 고급 밀크초콜릿(코코아 함량 35%)
 115g
네모나게 자른 가염버터(무른 상태) 15g
잘게 썬 고급 다크초콜릿(코코아 함량 70%)
 200g
코코아파우더 50g

* ramson; bear garlic으로도 불린다. 산마늘, 야생마
 늘―옮긴이

1 더블크림을 소스팬에 넣고 끓기 직전까지 데운다. 이때 더블크림이 끓으면 안 된다. 소스팬의 불을 끄고, 재빨리 곰파를 소스팬에 넣는다. 잘 저은 뒤 뚜껑을 덮고 1시간 동안 곰파를 우린다.

2 밀크초콜릿을 내열 그릇에 담아 놓는다. 곰파를 우려낸 더블크림을 실리콘 주걱으로 저으면서 중약불로 끓인다. 기포가 조금씩 올라오면서 끓기 시작하면 불을 끄고, 체에 걸러 밀크초콜릿 위에 붓는다. 숟가락 뒷면으로 체 위의 내용물을 눌러 더블크림을 최대한 짜낸다. 그릇을 작업대에 올려놓고 툭툭 친다.

3 내용물이 녹도록 30초간 기다린 뒤, 거품기로 젓는다. 이때 세게 휘젓지 말고 천천히 부드럽게 저어야 한다. 덩어리진 부분이 있으면 헤어드라이어로 조심스럽게 열을 가하면서 젓는다. 이때 디지털 식품온도계를 이용해서 내용물의 온도가 33℃를 넘지 않도록 주의한다.

4 내용물이 덩어리진 부분 없이 모두 섞이면 버터를 넣고 저어서 녹인다. 내용물을 계속 저어서 덩어리진 부분이 없는 부드러운 가나슈를 만든다. 가나슈를 식힌 뒤 잘 감싸서 밤새도록 냉장고에 넣어둔다.

5 티스푼 두 개를 이용해 가나슈를 공 모양으로 18~20개 정도 만든 뒤 유산지를 깐 오븐팬 위에 올린다. 냉장고에 10분간 넣어둔다. 냉장고에서 가나슈를 꺼내어 실온과 비슷한 온도가 될 때까지 기다린다. 가나슈를 손에 놓고 굴려 매끈한 공 모양을 만든다. 오븐팬에 가지런히 놓은 뒤 냉장고에 15분간 넣어둔다.

6 냉장고에서 가나슈를 꺼내어 실온과 비슷한 온도가 될 때까지 기다린다. 다크초콜릿을 템퍼링한다(150~153쪽 참조). 코코아파우더를 그릇에 담고, 손에 위생장갑을 낀다. 이제부터 신속하게 작업해야 한다. 숟가락으로 초콜릿을 덜어 한쪽 손바닥에 올린다. 다른 손으로 가나슈를 집어 초콜릿을 골고루 묻힌다. 그런 다음 조심스럽게 코코아파우더를 입혀 유산지를 깐 깨끗한 오븐팬 위에 올린다. 남은 가나슈도 같은 방법으로 초콜릿과 코코아파우더를 입힌다. 손바닥 대신 디핑 도구를 사용해도 좋다(162~163쪽 참조).

7 완성된 트뤼플은 먹기 전에 서늘한 곳에서 굳힌다. 트뤼플은 밀폐용기에 담아 서늘하고 어두운 장소에 일주일까지 보관할 수 있다.

다양한 종류의 트뤼플

가나슈 만들기, 트뤼플 롤링, 초콜릿 몰딩, 템퍼링 기술이 어느 정도 손에 익었다면, 이제 어떠한 향미의 조합
이라도 모두 만들 수 있을 것이다. 당신만의 새로운 조합을 시도해보는 것도 멋진 생각이다.

브리가데이로*

1 브라질 대표 디저트인 브리가데이로를 만들어보자. 바닥이 두
꺼운 냄비에 **연유 400g, 코코아파우더 3테이블스푼, 무가염 버
터 1테이블스푼**을 넣고 끓인다. 완전히 섞일 때까지 계속 젓는다.

2 약한 불로 낮춘 뒤 혼합물이 걸쭉해지도록 10~15분간 저으면
서 끓인다. 걸쭉해진 상태에서 숟가락으로 냄비 바닥을 긁으면,
숟가락이 지나간 자국이 몇 초간 남았다가 사라진다.

3 버터를 칠한 접시에 혼합물을 붓고 실온과 비슷한 온도가 될
때까지 기다린다. 접시를 랩으로 감싼 뒤 4시간 이상 냉각시
켜 굳힌다.

4 무른 버터를 손에 살짝 바른 뒤 혼합물을 호두 크기로 둥글게
빚는다. 그런 다음 **초콜릿 스프링클** 위에 혼합물을 굴려서 골
고루 묻힌 다음에 먹으면 된다. 브리가데이로는 잘 감싸서 냉장고
에 5일까지 보관할 수 있다.

* brigadeiros: 초콜릿 가루와 연유, 버터를 혼합해서 만든 브라질의 과자류―옮긴이

라벤더 & 화이트초콜릿

1 '고수 & 레몬 초콜릿' 레시피(184~185쪽 참조)와 같은 방식
으로 요리하되, 1번 단계에서 고수와 레몬 대신 **식용 라벤
더 1티스푼**을 넣는다.

2 이후 레시피대로 초콜릿을 만든다. 초콜릿을 굳힌 뒤 몰
드에서 꺼내서 먹는다. 밀폐용기에 넣어 서늘하고 어두
운 장소에 일주일까지 보관할 수 있다.

라즈베리 &
바다소금 트뤼플

1 '곰파 트뤼플' 레시피(186~187쪽 참조)와 같은 방식으로 요리하되, 1번과 2번 단계에서 곰파를 넣는 대신 더블크림을 데워 초콜릿에 붓는다.

2 레시피의 4번 단계에서 가나슈를 만든 다음 **동결 건조한 라즈베리 1테이블스푼과 라즈베리 농축액 ¼ 티스푼**을 넣고 젓는다. 이후 레시피대로 요리를 계속한다.

3 레시피의 6번 단계에서 가나슈에 초콜릿을 입힌 뒤, 코코아파우더를 입히지 말고 그대로 유산지에 올린다. 각각의 트뤼플 위에 **바다소금**을 재빨리 뿌려준다.

4 트뤼플이 굳은 다음에 먹는다. 밀폐용기에 넣어 서늘하고 어두운 장소에 일주일까지 보관할 수 있다.

피스타치오 & 화이트 초콜릿

1 '곰파 트뤼플' 레시피(186~187쪽 참조)와 같은 방식으로 요리하되, 1번과 2번 단계에서 곰파를 넣는 대신 더블크림을 데워 초콜릿에 붓는다.

2 레시피의 4번 단계에서 가나슈를 만든 뒤, 가나슈를 조금 덜어내어 **피스타치오 페이스트 1테이블스푼**과 섞는다. 혼합물을 나머지 가나슈에 넣고 잘 섞어준다.

3 **얇게 썬 고급 화이트초콜릿 200g**을 녹여 레시피의 6번 단계처럼 가나슈에 골고루 묻힌다. 그런 다음 코코아파우더는 입히지 않은 채 그대로 유산지에 올린다. 각각의 트뤼플 위에 잘게 **다진 피스타치오**를 재빨리 뿌려준다.

4 트뤼플이 굳은 다음에 먹는다. 밀폐용기에 넣어 서늘하고 어두운 장소에 일주일까지 보관할 수 있다.

분량 14개

무엇이 필요할까?

소요시간
1시간 35분 + 숙성시키고, 냉각하고,
  기다리는 시간

도구
반죽갈고리(dough hook)가 달린 믹서

재료
생이스트 34g 또는 건조이스트 3⅓
  티스푼
중력분 315g + 적당량(덧가루용)
제빵용 강력분 340g
정제당 85g
다크코코아파우더 80g
바다소금 ½티스푼
달걀 5개 + 달걀 1개(글레이즈용)
네모나게 자른 무가염 버터(실온과 비슷한
  온도) 330g + 적당량(틀에 칠할 용도)
고급 다크초콜릿 칩 170g

커스터드 크림 재료
달걀 2개 + 달걀노른자 6개
정제당 250g
고급 바닐라 농축액 1티스푼
중력분 100g
일반 우유 900㎖
잘게 썬 고급 다크초콜릿(코코아 함량
  70%) 140g

브루노 브레이엣(Bruno Breillet)

초콜릿 스위스 브리오슈

스위스 브리오슈(swiss brioche)는 프랑스 어디서나 쉽게 볼 수 있는 대표적인 아침메뉴다. 빵 속에 바닐라 커스터드 크림과 초콜릿 칩이 들어 있어 가볍게 먹기 좋다. 브루노 브레이엣은 프랑스 리옹 출신답게 브리오슈를 리옹식 디저트처럼 만들었다. 리옹식에 더욱 가깝게 즐기고 싶다면, 초콜릿 양을 늘려보자!

1 실온의 물 120mℓ에 이스트를 녹인다. 건조이스트의 경우, 포장지에 명시된 사용법을 따른다. 믹서에 밀가루, 설탕, 코코아파우더, 설탕, 달걀 5개를 넣고 느린 속도로 돌린다. 여기에 용해시킨 이스트를 천천히 붓는다.

2 믹서를 8~10분간 작동시켜 반죽을 뻑뻑한 상태로 만든다. 믹서를 돌리는 중간 중간 작동을 멈추고 용기 벽면에 붙은 반죽을 실리콘 주걱으로 떼어준다. 버터를 조금 넣고 10분간 돌리면, 반죽의 점성이 높아져 페이스트 형태가 된다.

3 믹서를 느린 속도에서 중간 속도로 올리고 2분간 돌린다. 용기 벽면에 붙은 반죽을 떼어준 뒤, 다시 느린 속도에서 10분간 돌린다. 반죽이 부드러우면서 매끈하고 탄력 있는 상태가 되면 믹서에서 꺼낸다. 미리 버터를 칠해둔 커다란 그릇에 반죽을 담고 랩을 헐겁게 씌운다. 냉장고에 넣고 밤새 숙성시킨다.

4 커스터드 크림을 만든다. 달걀 2개와 노른자 6개를 커다란 그릇에 넣는다. 여기에 설탕, 바닐라 농축액, 중력분을 넣고 30초간 거품기로 강하게 휘젓는다. 거품기를 들어 올렸을 때 반죽이 흘러내리면서 끈 형태가 만들어져야 한다.

5 반죽을 휘저으면서 우유 절반을 조금씩 붓는다. 반죽이 부드러워질 때까지 계속 휘젓는다. 커다란 소스팬에 반죽을 담고, 남은 우유를 붓는다. 중간 불로 열을 가한다.

6 김이 올라올 때까지 4~5분간 원을 그리듯 계속 휘젓는다. 이때 액체와 고체가 분리되는 응유 현상이 일어나지 않도록 일정한 속도로 강하게 휘저어야 한다. 기포가 올라오거나 소스팬 바닥에 들러붙기 시작하면 불세기를 줄인다.

7 커스터드 크림이 되직한 점성이 될 때까지 계속 휘젓는다. 불세기를 줄이고 휘저으면서 2분간 더 끓인다. 불을 끄고 초콜릿을 소스팬에 넣는다. 덩어리진 부분 없이 완전히 섞이도록 실리콘 주걱으로 젓는다. 5분간 그대로 두었다가 다시 저어준다. 랩으로 씌워 식힌다. 커스터드 크림이 식으면 밤새도록 냉장고에 넣어둔다.

8 냉장고에서 3번의 반죽을 꺼낸다. 작업대에 덧가루를 뿌린 뒤 반죽이 아직 차가운 상태에서 가로, 세로 길이가 각각 70cm, 35cm이고, 두께는 약 5mm인 직사각형 모양으로 넓게 편다. 반죽 아래쪽 가로 면 절반에 커스터드 크림을 바른다. 그 위에 초콜릿 칩을 고르게 뿌린다.

9 직사각형 반죽을 가로로 반 접는다. 커스터드 크림을 바르지 않는 위쪽 가로 면이 아래쪽 가로 면에 포개지도록 접으면 된다. 남은 달걀에 찬물을 조금 넣고 휘저은 뒤, 반으로 접은 반죽의 윗면에 바른다.

10 반죽을 5cm 너비로 14등분 한다. 유산지를 깐 오븐팬 두 개에 1cm 간격으로 나누어 담는다. 반죽 가장자리에 9번의 휘저은 달걀을 바른 뒤 꼬집어서 겉을 봉인해준다. 오븐팬에 랩을 헐겁게 씌운 뒤 따뜻한 장소에 1시간 30분~2시간 동안 놓아둔다. 오븐을 180℃로 예열한다.

11 브리오슈를 오븐에 넣고 25~35분간 굽는다. 브리오슈가 부풀어 오르고 가장자리 색이 짙어질 때까지 구우면 된다. 브리오슈를 만졌을 때 단단해야 한다.

12 오븐에서 브리오슈를 꺼내어 완전히 식힌다. 만들어서 바로 먹었을 때가 가장 맛있지만, 그렇지 않은 경우에는 밀폐용기에 넣어 실온에 3일까지 보관할 수 있다. 굽기 이전의 브리오슈 반죽은 한 달간 냉동 보관할 수 있으며, 구운 이후의 브리오슈는 2주까지 냉동실에 보관할 수 있다.

윌리엄 빌 맥카릭(William Bill McCarrick)

샹티이 크림 프로피테롤*

가볍게 먹기 좋은 금빛의 프로피테롤을 한입 깨물면, 진한 샹티이 크림이 흘러나온다. 여기에 가벼운 슈 페이스트리와 대비되는 진한 다크초콜릿 소스를 얹어 화룡정점을 찍어보자. 슈 페이스트리를 오븐에 구운 뒤 작은 구멍을 내어 김을 빼내면, 더욱 바삭하고 정교한 프로피테롤이 완성된다.

분량 24개

무엇이 필요할까?

소요시간
45분 + 식히는 시간

도구
짤주머니
별모양 노즐(5mm)

재료
생강력분 70g
일반 우유 150㎖
가염 버터 70g
달걀 3개

샹티이 크림 재료
휘핑크림 200㎖
아이싱슈거 30g
바닐라 농축액 1테이블스푼

초콜릿 소스 재료
일반 우유 90㎖
적당한 크기로 자른 고급 다크초콜릿(코코아 함량 70% 이상) 90g
무가염 버터(무른 상태) 30g

1 오븐을 190℃로 예열한다. 커다란 오븐팬에 유산지를 깐다. 밀가루를 체에 걸러 커다란 그릇에 담는다. 이때 체를 높이 들어서 밀가루에 공기가 혼입되게 한다.

2 중간 크기의 소스팬에 우유와 가염 버터를 넣고 중간불로 가열한다. 내용물이 끓기 시작하면 밀가루를 넣는다. 나무숟가락으로 계속 저어주면서 끓인다.

3 1분 뒤 불을 끄고, 내용물을 내열 그릇에 붓는다. 소형 전기거품기로 2분간 중간 속도로 휘젓는다.

4 거품기로 계속 휘저으면서 달걀을 천천히 넣는다. 덩어리가 생기지 않도록 그릇 벽면에 붙은 반죽을 실리콘 주걱으로 떼어준다.

5 거품기로 반죽을 계속 휘저으면서 나머지 달걀도 넣어준다. 반죽이 완전히 섞이면 거품기를 멈춘다. 숟가락으로 반죽을 덜어내어 호두 크기의 공 모양으로 만든 뒤 오븐팬에 올린다. 총 24개를 만들어 올린다. 오븐에 넣고 15~20분간 굽는다. 반죽이 부풀어 오르고 금빛을 띠면서 바삭해질 때까지 굽는다.

6 오븐에서 슈 페이스트리를 꺼낸다. 뾰족한 도구로 슈 페이스트리를 찔러 작은 구멍을 낸다. 오븐에 다시 넣고 식힘망 위에서 5분간 식힌다. 완전히 식으면 칼을 이용해 슈 페이스트리 옆면에 작은 구멍을 낸다.

7 샹티이 크림을 만든다. 휘핑크림, 아이싱슈거, 바닐라 농축액을 커다란 그릇에 담고 소프트 픽 상태가 될 때까지 휘저은 후 옆에 놓아둔다.

8 초콜릿 소스를 만든다. 소스팬에 우유를 붓고 천천히 데운다. 여기에 다크초콜릿과 버터를 넣고 저으면서 중약불로 열을 가한다.

9 짤주머니에 샹티이 크림을 넣고 슈 페이스트리 안에 주입시킨다. 그런 다음 초콜릿 소스를 위에 뿌려 바로 먹는다.

* profiteroles: 작은 공 모양의 슈 페이스트리(choux pastry) 안에 달콤하거나 짭조름한 속을 채운 프랑스의 음식. 페이스트리 크림을 채우고 초콜릿 소스를 뿌린 것이 가장 일반적이다.—옮긴이

프로피테롤 응용 레시피

화이트초콜릿 에끌레르

• 분량: 12개

'샹티이 크림 프로피테롤' 레시피대로 요리하되, 반죽을 공 모양이 아니라 기다란 막대 모양으로 만든다. 가로, 세로 길이가 3cm, 10cm인 막대 모양의 반죽을 12개 만들어 유산지를 깐 오븐팬에 놓는다. 레시피대로 반죽을 굽는다. 그런 다음 필링 재료를 만든다. 먼저 **더블크림 150㎖**을 휘저어 휘핑크림을 만든다. 여기에 **설탕을 넣은 밤 퓌레 150g**을 넣고 거품이 꺼지지 않게 조심스럽게 섞어준다. 오븐에 구운 에끌레르가 식으면 옆면을 길게 잘라 필링 재료를 주입한다. **잘게 썬 화이트초콜릿 115g**을 내열 그릇에 담아 물이 가볍게 끓는 냄비 위에 놓고 중탕한다. 녹은 화이트초콜릿을 짤주머니에 담고 식힌다. 화이트초콜릿을 지그재그 형태로 에끌레르 위에 뿌린다. 냉각한 뒤 굳혀서 먹는다.

초콜릿 둘세데레체* 프로피테롤

• 분량: 24개

'샹티이 크림 프로피테롤' 레시피대로 요리하되, 밀가루 15g을 **코코아파우더 15g**으로 대체한다. 레시피대로 반죽을 굽는다. 그런 다음 필링 재료를 만든다. **더블크림 150㎖**를 휘저어 휘핑크림을 만든 뒤, 소량을 덜어내어 **둘세데레체 150g**에 넣고 거품이 꺼지지 않게 조심스럽게 섞어준다. 나머지 휘핑크림도 같은 방식으로 섞어준다. 슈 페이스트리 바닥에 작은 구멍을 낸 다음 필링 재료를 주입한다. 레시피대로 초콜릿 소스를 만들어 슈 페이스트리 위에 뿌려 먹는다.

* dulce de leche: 우유를 캐러멜 상태로 만든 아르헨티나의 전통 디저트—옮긴이

다크초콜릿 & 피스타치오 아이스크림 프로피테롤

• 분량: 24개

'초콜릿 둘세데레체 프로피테롤' 레시피대로 슈 페이스트리를 만든다. 슈 페이스트리가 식으면 옆을 갈라서 **피스타치오 아이스크림 1덩어리**를 속에 채운 뒤 냉동실에 넣어둔다. 그런 다음 가나슈를 만든다. **더블크림 90㎖**를 데운다. 여기에 적당한 크기로 자른 **다크초콜릿 90g**을 넣고 젓는다. 슈 페이스트리와 속의 아이스크림이 언 상태에서 따뜻한 가나슈와 잘게 다진 **피스타치오**를 뿌려서 바로 먹는다.

분량 30개

무엇이 필요할까?

소요시간
55분 + 식히고 기다리는 시간

도구
거품기가 달린 믹서(거품기는 생략 가능)
일회용 짤주머니 2개
원형 노즐(9mm)

재료
아몬드가루 160g
아이싱슈거 160g
더치식 코코아파우더(167쪽 참조) 25g
달걀흰자(실온과 비슷한 온도) 140g(중간
   크기의 달걀 4개 분량)
정제당 180g
갈색 식용색소 페이스트 ½티스푼(생략
   가능)

가나슈 재료
레드와인 90㎖
곱게 간 고급 다크초콜릿(코코아 함량
   70%) 200g
더블크림 200㎖
꿀 1티스푼

브루노 브레이엣

레드와인 가나슈 & 초콜릿 마카롱

브루노 브레이엣은 일요일 점심마다 부모님과 함께 했던 추억을 생각하며 이 레시피를 만들었다. 점심식사에 초대된 손님들은 종종 케이크와 꽃을 가져오거나 초콜릿과 레드와인을 선물했다. 한 가지 팁을 알려주자면, 아몬드는 아이싱슈거와 함께 반드시 푸드 프로세서에 갈아서 사용해야 한다. 그래야만 마카롱의 부드러운 끝 맛을 완성할 수 있다.

1 지름 3㎝의 원통을 이용해 유산지 2장 위에 동그라미 30개를 1㎝ 간격으로 그린다. 커다란 오븐팬 2개 위에 유산지를 각각 한 장씩 뒤집어서 깐다.

2 아몬드가루와 아이싱슈거를 푸드 프로세서에 넣고 2분간 간다. 여기에 코코아파우더를 넣고 순간작동 버튼을 여러 번 눌러 균일한 갈색이 되게 한 뒤 옆에 놓아둔다.

3 달걀흰자와 설탕을 믹서에 넣고 느린 속도로 3분간 섞어준다. 이때 거품기가 있다면 믹서에 장착한 뒤 섞어준다. 그런 다음 중간 속도로 올리고 10분간 더 휘저어 달걀거품의 끝이 단단히 서는 스티프 픽 상태를 만든다. 소형 전기거품기를 이용할 경우, 달걀거품이 스티프 픽 상태가 될 때까지 가장 느린 속도로 휘젓는다.

4 달걀거품에 2번의 아몬드 혼합물을 넣고 거품이 꺼지지 않도록 조심스럽게 섞는다. 식용색소가 있다면 같이 넣어준다. 이때 반죽은 단단하면서 살짝 공기가 빠진 상태여야 하므로 너무 오랫동안 휘저으면 안 된다. 반죽 상태를 확인하려면, 숟가락으로 조금 덜어내서 그릇에 떨어뜨려보면 된다. 반죽이 1분 이내에 퍼져야 한다.

5 짤주머니에 반죽을 담고 노즐을 단다. 준비해둔 오븐팬 위의 동그라미 모양대로 반죽을 짜내어 머랭 30개를 만든다. 머랭을 손으로 살짝 눌렀을 때 손에 묻어나지 않을 때까지 기다린다(약 45분).

6 오븐을 150℃로 예열한다. 머랭이 담긴 오븐팬을 차례로 오븐에 넣고 각각 13~14분씩 굽는다. 머랭을 손으로 만졌을 때 단단해야 한다. 다 구워지면 오븐팬 위에서 그대로 식힌다.

7 그동안 가나슈를 만든다. 레드와인을 소스팬에 붓고 중간 불과 센 불 사이의 불로 끓인다. 레드와인이 3분의 2로 줄어들 때까지 졸인 뒤에 식힌다.

8 초콜릿을 내열 그릇에 담아 놓는다. 소스팬에 더블크림과 꿀을 넣고 끓기 직전까지만 열을 가한다. 이때 소스팬의 내용물이 끓으면 안 된다. 더블크림 혼합물과 식힌 레드와인을 초콜릿 위에 붓는다. 매끈한 질감이 되도록 실리콘 주걱으로 젓고 잠시 식힌다. 살짝 따뜻한 정도로 식으면 남은 짤주머니에 담는다. 그대로 식혀서 살짝 굳힌다.

9 짤주머니 끝을 잘라 작은 구멍을 낸다. 머랭 한 개를 뒤집어 평평한 밑면에 가나슈를 바른 뒤 또 다른 머랭을 조심스럽게 그 위에 덮어 마카롱을 완성한다. 이때 두 번째 머랭의 평평한 밑면이 가나슈와 맞닿도록 한다. 가나슈를 적당히 넣어서 마카롱 옆으로 새어나오지 않게 한다. 나머지 머랭도 같은 방식으로 작업한다.

10 마카롱을 2시간 이상 놓아둔다. 하루 이상 놓아두면 향미가 더욱 향상된다. 마카롱은 실온과 비슷한 온도일 때 먹도록 한다. 밀폐용기에 넣어 서늘하고 어두운 장소에 5일까지 보관할 수 있다.

리자베스 플래내건

블루베리 & 화이트초콜릿 타르틀레트*

진한 다크초콜릿을 상큼한 블루베리와 달콤한 화이트초콜릿과 매치시킨 타르틀레트는 극명하게 대비되는 식감, 향미, 색깔로 침샘을 자극한다. 타르틀레트는 요리과정도 상당히 쉽고, 미리 만들어 놓기에도 좋다.

분량 8개

무엇이 필요할까?

소요시간
1시간~1시간 45분 + 냉각하는 시간

도구
타르틀레트 틀(8~10㎝) 8개
타르트 누름돌

재료
무가염 버터(얼려서 네모나게 자른 상태) 350g
+ 적당량(틀에 칠할 용도)
중력분 225g + 적당량(덧가루용)
코코아파우더 150g
굵은 설탕 85g
달걀(풀어놓은 상태) 1개
달걀노른자(풀어놓은 상태) 3개
블루베리(장식용) 적당량
템퍼링한 다크초콜릿(장식용) 60g
템퍼링한 화이트초콜릿(장식용) 60g

블루베리 필링 재료
생블루베리(또는 냉동) 350g
정제당 175g
레몬즙 1개 분량

가나슈 재료
곱게 간 화이트초콜릿 450g
휘핑크림 175㎖
무가염 버터(무른 상태) 2테이블스푼

1 오븐을 180℃로 예열한다. 타르틀레트 틀에 버터를 칠하고 덧가루를 살짝 뿌린다. 밀가루, 코코아파우더, 굵은 설탕을 커다란 그릇에 넣고 섞는다. 여기에 버터를 넣고 저어서 빵가루처럼 만든다. 풀어놓은 달걀과 달걀노른자를 넣어 반죽을 만든다.

2 작업대에 덧가루를 살짝 뿌린 뒤, 반죽을 밀어서 3㎜ 두께의 얇은 직사각형 모양으로 편다. 타르틀레트 틀보다 지름이 약 5㎝ 더 큰 그릇이나 접시를 이용해 동그라미 모양의 반죽 10개 만든다.

3 타르틀레트 틀의 각 칸에 동그라미 반죽을 조심스럽게 깐다. 반죽의 남는 부분은 잘라낸다. 타르트지 위에 유산지를 깔고, 타르트 누름돌을 채워 오븐팬에 올린다. 타르트지가 골고루 익어서 살짝 단단해질 때까지 15~17분간 굽는다. 오븐에서 꺼내어 타르트 누름돌과 유산지를 제거한다. 타르트지를 식힌다.

4 그동안 필링을 만든다. 블루베리, 설탕, 레몬즙을 소스팬에 넣고 중간 불과 센 불 사이의 불로 15분간 가볍게 끓인다. 불을 끄고 식힌다. 필링에 물기가 많으면 타르트지가 상할 수 있으므로 물기를 적당히 덜어낸다. 옆에 놓아둔다.

5 가나슈를 만든다. 화이트초콜릿을 내열 그릇에 담아 놓는다. 소스팬에 휘핑크림을 넣고 끓기 직전까지 데운다. 데운 휘핑크림 절반을 초콜릿 위에 붓는다.

6 실리콘 주걱으로 5번의 내용물을 천천히 저어준다. 초콜릿이 녹기 시작하면 나머지 휘핑크림도 붓는다. 덩어리진 부분 없이 부드럽게 섞이도록 잘 저어준다. 여기에 버터를 넣고 저어준 뒤 옆에 놓아둔다.

7 타르틀레트 틀을 뒤집어 타르트지를 빼낸 뒤 유산지를 깐 오븐팬에 놓는다. 타르트지에 블루베리 필링을 1테이블스푼씩 넣고 펼쳐 바른다. 가볍게 끓는 물이 담긴 소스팬 위에 화이트초콜릿 가나슈가 담긴 그릇을 놓고 서서히 데운다. 부드러워진 가나슈를 타르트지에 균일하게 나누어 담는다. 타르틀레트를 냉장고에 넣고 2시간 동안 굳힌다.

8 타르틀레트를 냉장고에서 꺼내어 실온과 비슷한 온도로 돌아오게 한다. 생블루베리를 얹고 템퍼링한 다크초콜릿과 화이트초콜릿을 뿌려 먹는다. 타르틀레트는 밀폐용기에 넣어 냉장고에 일주일까지 보관할 수 있으며, 냉동실에는 2달까지 보관할 수 있다.

* Tartlets; 소형 타르트—옮긴이

캐롤라인 브레터톤(Caroline Bretherton)

화이트 초콜릿 & 피칸 블론드 브라우니

군침을 흐르게 하는 블론드 브라우니는 기본적으로 코코아버터 함량이 높은 달콤한 화이트초콜릿으로 만든다. 여기에 잘게 자른 피칸을 넣어 바삭하게 씹히는 식감을 더했다. 취향에 따라 피칸 대신 같은 양의 헤이즐넛이나 피스타치오를 넣어도 좋다.

분량 24개

무엇이 필요할까?

소요시간
55분 + 식히는 시간

도구
사각 베이킹 틀(20×30㎝)

재료
무가염 버터 125g + 적당량(틀에 칠할 용도)
갈색 설탕 275g
바닐라 농축액 1½티스푼
큰 달걀 3개
중력분 200g
바다소금 ½티스푼
베이킹파우더 1티스푼
잘게 자른 피칸 125g
잘게 썬 고급 화이트초콜릿 125g

1 오븐을 180℃로 예열한다. 베이킹 틀에 버터를 칠하고 유산지를 깐다. 이때 유산지가 베이킹 틀 위로 살짝 올라오게 한다. 중간 크기의 소스팬에 버터를 넣고 약한 불로 녹인다.

2 소스팬의 불을 끄고 갈색 설탕과 바닐라 농축액을 넣는다. 완전히 섞일 때까지 휘젓는다. 달걀을 한 개씩 차례로 넣고 휘젓는다. 내용물이 덩어리진 부분 없이 잘 섞이도록 달걀을 추가할 때마다 잘 휘저어준다.

3 별도의 그릇에 밀가루, 설탕, 베이킹파우더를 넣고 섞는다. 그런 다음 2번의 혼합물에 넣고 섞는다. 여기에 잘게 자른 피칸과 화이트초콜릿을 넣고 실리콘 주걱을 이용해서 섞는다. 반죽이 골고루 혼합되도록 잘 섞는다. 반죽을 베이킹 틀에 평평하게 붓는다.

4 오븐에 넣고 반죽이 금빛이 도는 갈색을 띨 때까지 30분간 굽는다. 다 구워지면 살짝 식힌 뒤 베이킹 틀에서 꺼내어 유산지를 제거한다. 브라우니를 24조각으로 균일하게 잘라 따뜻할 때 먹는다. 브라우니는 밀폐용기에 넣어 4일까지 보관할 수 있다.

응용 레시피

레시피를 응용해 초콜릿 브라우니를 만들어보자. 오븐을 160℃로 예열한다. 베이킹 틀에 버터를 칠하고 유산지를 깐다. 잘게 썬 고급 다크초콜릿(코코아 함량 60%) 200g과 무가염 버터 175g을 내열 그릇에 넣고, 물이 가볍게 끓는 소스팬 위에 올려 중탕한다. 살짝 식힌 후에 정제당 200g, 갈색 설탕가루 125g, 바닐라 농축액 1티스푼을 넣는다. 내용물이 골고루 혼합되도록 잘 휘젓는다. 달걀 3개를 차례로 넣고, 추가할 때마다 잘 휘저어준다. 체에 거른 중력분 125g과 인스턴트커피 1티스푼을 넣고 섞어서 골고루 혼합시킨다. 내용물을 베이킹 틀에 부은 뒤, 오븐 중앙에 놓고 45분간 굽는다. 브라우니를 꼬챙이로 깊게 찔렀다가 뺐을 때 내용물이 살짝 묻어나야 한다. 베이킹 틀에 넣은 상태에서 식힌다. 브라우니가 완전히 식으면 베이킹 틀을 뒤집어 꺼낸 뒤, 24조각으로 자른다.

폴 A. 영(Paul A. Young)

바다소금캐러멜, 홍차, 무화과를 넣은 브라우니 푸딩

영국 전통 디저트인 토피(toffee) 브라우니와 푸딩을 혼합시킨 브라우니 푸딩은 영국인에게는 최상의 컴포트 푸드(comfort food)일 것이다. 여기에 폴 A. 영은 초콜릿 대회에서 수상의 영광을 안겨준 바다소금캐러멜을 비롯해 초콜릿, 무화과, 홍차를 첨가했다. 브라우니 푸딩을 하루 전에 만들어놓고 싶다면, 푸딩을 오븐에서 꺼낸 즉시 겉에 따뜻한 바다소금캐러멜 소스를 바르면 된다.

분량 10~12인분

무엇이 필요할까?

소요시간
50~55분

도구
사각 케이크 틀(20 × 25cm)

재료
무가염 버터(무른 상태) 90g + 적당량(틀에 칠할 용도)
팽창제혼합밀가루* 180g + 적당량(덧가루용)
진한 잉글리시 브렉퍼스트 티 250㎖
베이킹 소다 1티스푼
말린 무화과(잘라놓은 상태) 200g
무스코바도 흑설탕 90g
골든시럽 90g
달걀 2개
바다소금 플레이크 ½티스푼
잘게 썬 고급 다크초콜릿(코코아 함량 70%) 150g
로스팅한 코코아닙스(장식용, 생략 가능)
클로티드 크림**(곁들여 먹을 용도)

소스 재료
무가염 버터 200g
무스코바도 흑설탕 200g
바다소금 플레이크 1티스푼
더블크림 200㎖
잘게 썬 다크밀크초콜릿(코코아 함량 60%) 50g

* self-raising flour: 베이킹파우더와 소금을 첨가한 밀가루—옮긴이
** clotted cream: 유지방 함유량이 최소 55퍼센트로, 아주 진하다.—옮긴이

1 오븐을 180℃로 예열한다. 케이크 틀에 버터를 칠한 뒤 덧가루를 살짝 뿌려 옆에 놓아둔다. 잉글리시 브렉퍼스트 티, 베이킹 소다, 무화과를 중간 크기의 소스팬에 넣고 섞은 다음 중간 불로 열을 가한다. 내용물이 끓기 시작하면 재빨리 불세기를 줄인다. 2분간 은근히 끓여준다.

2 불을 끄고 내용물의 열을 식힌다. 완전히 식으면, 나무숟가락으로 무화과 조각들을 으깬다. 내용물이 페이스트 질감이 될 때까지 잘 섞어준다.

3 커다란 그릇에 버터, 설탕, 골든시럽을 넣고 나무숟가락으로 저어서 크림 질감을 만든다. 여기에 달걀을 넣고 덩어리진 부분이 없어질 때까지 휘젓는다. 밀가루, 설탕도 넣고 잘 섞어준다.

4 다크초콜릿을 내열 그릇에 담아 물이 가볍게 끓는 냄비 위에 놓고 중탕한다. 덩어리진 부분 없이 부드럽게 섞이도록 저어준다. 이때 그릇의 밑면이 바닥에 닿지 않게 주의한다. 녹인 다크초콜릿을 3번의 밀가루 혼합물에 붓는다. 여기에 2번의 무화과 페이스트도 넣고 잘 섞어준다.

5 완성된 반죽을 케이크 틀에 담는다. 그런 다음 푸딩이 부풀어오를 때까지 30~35분간 오븐에 굽는다. 이때 푸딩의 중앙은 부드럽고 살짝 끈적거려야 하다.

6 그동안 소스를 만든다. 버터, 설탕, 소금을 작은 소스팬에 넣고 중간 불에 녹인다. 골고루 혼합되도록 잘 섞어주면서 5분간 가볍게 끓인다. 불을 끄고 더블크림과 다크밀크초콜릿을 넣고 완전히 혼합되도록 잘 섞어준다.

7 브라우니 푸딩이 완성되면 10~12조각으로 잘라 개별 접시에 놓는다. 따뜻한 소스를 위에 붓고, 코코아닙스로 장식한다. 클로티드 크림을 곁들여 먹으면 좋다. 브라우니 푸딩은 잘 감싸서 냉장고에 5일까지 보관할 수 있으며, 냉동실에서는 3달까지 보관할 수 있다.

팁! 다크밀크초콜릿이 없다면, 대신 고급 다크초콜릿을 사용해도 된다.

윌리엄 빌 맥카릭

피아노 무늬 쿠키

레몬과 초콜릿 층이 번갈아 나타나는 정교한 줄무늬의 쿠키를 한 입 깨물면 입안에서 사르르 녹아내린다. 이 아름다운 쿠키는 만들기 복잡해 보이겠지만, 사실상 반죽을 포개고, 자르고, 냉동시키기만 해서 이렇게 놀라운 결과물을 만들어낸 것이다.

분량 30개

무엇이 필요할까?

소요시간
1시간 15분 + 냉각하고 얼리는 시간

재료
달걀흰자(풀어놓은 상태) 2개

흰 반죽 재료
중력분 240g + 적당량(덧가루용)
아이싱슈거 65g
바다소금 1꼬집
무가염 버터(차가운 상태) 200g
레몬제스트 레몬 1개 분량
레몬즙 레몬 ½개 분량
바닐라 농축액 2티스푼

초콜릿 반죽 재료
중력분 190g
코코아파우더 50g
무가염 버터(차가운 상태) 200g
아이싱슈거 65g

1 먼저 흰 반죽을 만든다. 마른 재료들을 체에 걸러 믹싱볼에 담아 놓는다. 버터와 레몬즙을 푸드 프로세서에 갈아 가벼운 크림 질감을 만든다. 체에 거른 마른 재료들을 푸드 프로세서에 넣는다. 여기에 레몬제스트와 바닐라 농축액도 첨가한다. 내용물이 반죽이 될 때까지 순간작동 버튼을 여러 번 누른다. 반죽이 완성되면 푸드 프로세서에서 꺼낸 뒤 랩으로 감싸서 냉각시킨다.

2 초콜릿 반죽을 만든다. 밀가루와 코코아파우더를 체에 걸러 믹싱볼에 담아 놓는다. 버터와 아이싱슈거를 푸드 프로세서에 갈아 가벼운 크림 질감을 만든다. 여기에 밀가루와 코코아파우더를 넣고 순간작동 버튼을 여러 번 눌러 반죽을 만든다. 반죽이 완성되면 푸드 프로세서에서 꺼낸 뒤 랩으로 감싸서 냉각시킨다.

3 덧가루를 살짝 뿌린 작업대에 흰 반죽을 놓고 부드러워질 때까지 5~10분간 치댄다. 손을 이용해 반죽을 평평한 직사각형으로 편다. 커다란 유산지 2장 사이에 반죽을 넣고 밀방망이로 밀어서 3~5㎜ 두께의 커다란 직사각형으로 편다. 반죽 윗면의 유산지를 제거한 뒤, 아랫면 유산지는 그대로 붙여둔 채 반죽을 들어서 오븐팬에 놓는다. 풀어놓은 달걀흰자를 반죽 윗면에 바른다.

4 초콜릿 반죽도 3번과 같은 방법으로 치댄 후에 밀방망이로 펴준다. 그런 다음 초콜릿 반죽을 흰 반죽 위에 올린다. 칼로 모서리를 깔끔하게 잘라내어 두 반죽의 크기를 같게 만든다. 풀어놓은 달걀흰자를 초콜릿 반죽 윗면에 바른 뒤, 냉동실에 1시간 동안 넣어둔다.

5 냉동실에서 반죽을 꺼낸다. 날카롭고 큰 칼로 반죽을 길게 반으로 자른다. 한쪽 절반의 윗면에 달걀흰자를 바른 뒤, 다른 쪽 절반을 그 위에 올린다. 그러면 반죽 색깔이 번갈아 나타나게 된다.

6 반죽을 또다시 길게 반으로 자른다. 한쪽 절반의 윗면에 달걀흰자를 바른 뒤, 다른 쪽 절반을 그 위에 올린다. 이제 흰색과 검은색의 얇고 긴 줄무늬 여덟 개가 번갈아가며 나오게 된다. 반죽을 냉동실에 1시간 동안 넣어둔다.

7 냉동실에서 반죽을 꺼낸다. 반죽을 3~5㎜ 두께로 줄무늬 단면이 보이도록 수직으로 길게 자른다. 그런 다음 잘라진 긴 단면을 다시 4㎝ 길이의 정사각형으로 자른다. 반죽을 모두 정사각형으로 자른 뒤, 유산지를 간 오븐팬 위에 올린다. 오븐을 180℃로 예열하고, 반죽이 실온과 비슷한 온도가 되기를 기다린다.

8 반죽이 금빛이 도는 갈색이 될 때까지 12~15분간 굽는다. 쿠키가 다 구워지면 완전히 식힌 후에 오븐팬에서 떼어낸다. 쿠키는 밀폐용기에 넣어 실온에서 5일까지 보관할 수 있다.

미카 카-힐

다크초콜릿을 넣은 오리고기 라구*

포트와인과 초콜릿을 라구에 첨가하면, 향미가 더욱 깊고 풍부해지면서 약간의 과일 맛이 추가된다. 포트와인과 초콜릿은 궁합이 매우 좋다. 포트와인의 단맛과 과일 향이 100% 다크초콜릿의 쓴맛과 과일 맛을 보완해준다.

분량 6~8인분

무엇이 필요할까?

소요시간
3시간 40분

도구
연육기(여러 개의 바늘이 달린 형태)
직화용 찜기

재료
오리(가능하다면 내장도 함께 준비) 1마리(약
   1.2kg)
무가염 버터 50g
바다소금
갓 간 후추
잘게 썬 큰 양파 2개
잘게 썬 샐러리 3줄기
잘게 썬 큰 당근 4개
화이트와인 375㎖
일반 우유 300㎖
갓 간 육두구
플럼 토마토 캔 400g
다크초콜릿(코코아 함량 100%, 대충 썰어놓은
   상태) 35g
고급 포트와인 3테이블스푼
이탈리안 파슬리(대충 썰어놓은 상태, 장식용)

1 오븐을 130℃로 예열한다. 연육기 바늘로 오리고기를 꼼꼼히 찔러준다. 버터를 냄비에 넣고 중간 불에 녹인다. 그런 다음 오리고기를 넣고 간을 한다. 오리고기 내장도 있다면 함께 넣는다. 오리고기를 노릇하게 구운 뒤 접시에 옮겨 담는다. 이때 오리고기 기름을 냄비에 남겨둔다.

2 양파를 냄비에 넣고, 남겨둔 오리고기 기름에 볶는다. 여기에 샐러리와 당근을 넣고, 채소가 익어 물렁해지고 노릇한 색을 띨 때까지 볶는다. 그동안 화이트와인을 소스팬에 넣고 중간 불과 센 불 사이의 불로 끓인다. 와인의 양이 약 3분의 2가 될 때까지 졸인다.

3 채소가 익어 물렁해지면, 우유와 육두구를 냄비에 첨가한다. 우유가 거의 증발할 때까지 은근히 끓이면서 중간 중간 저어준다. 여기에 졸인 화이트와인을 첨가한다. 그런 다음 토마토를 손으로 으깨어 넣는다. 잘 저어서 혼합시킨 후 입맛에 따라 간을 한다.

4 오리고기를 채소 위에 놓고 냄비뚜껑을 덮는다. 이때 오리의 가슴부분이 위로 오게 한다. 냄비를 오븐에 넣고 구운지 1시간이 지나면 오리고기를 뒤집어준다. 1시간이 또 지나면 오리고기를 다시 뒤집어 가슴부분이 위로 오게 한다.

5 그로부터 1시간이 지나면, 오리고기가 완전히 익었는지 확인한다. 다리를 잡아당겼을 때 쉽게 떨어져야 한다. 만약 고기가 완전히 익지 않았다면, 오븐에 10분간 더 구운 뒤에 다시 확인한다. 오리고기가 완전히 익으면 오븐에서 꺼내어 식힌다. 오리고기를 손질할 수 있을 정도로 식힌다.

6 오리고기를 꺼내서 찢은 다음 다시 냄비에 넣는다. 오랫동안 오븐에 구웠기 때문에 살점이 쉽게 떨어질 것이다. 내장이 있으면 잘게 다져서 냄비에 함께 넣는다. 목 부위의 살점도 찢어 넣는다.

7 냄비의 내용물을 잘 저어준다. 여기에 끓는 물 150~300㎖를 넣어 라구소스를 묽게 만든다. 표면에 뜬 기름은 건져내어 버린 뒤, 간을 확인한다.

8 냄비에 초콜릿을 천천히 한 조각씩 녹이면서 넣는다. 초콜릿을 넣을 때마다 향미가 변하는 과정을 유심히 살펴보고 맛을 확인한다. 그런 다음 초콜릿을 더 넣을지 결정하면 된다. 마지막으로 포트와인을 넣고 잘 섞어준다. 완성된 라구소스를 파스타, 밥, 애호박면**, 감자(구운 감자, 튀긴 감자, 으깬 감자), 그린 샐러드 등에 곁들여 먹는다.

* Ragu; 이탈리아 북부 볼로냐 지방의 특산 요리로 파스타와 함께 전통적으로 제공되는 고기소스—옮긴이

** 애호박을 채 썰어 스파게티면처럼 만든 것—옮긴이

마리셀 E. 프리실라(Maricel E. Presilla)

카카오-아몬드 피카다*를 곁들인 쿠바식 애호박 토마토 소프리토**

카카오닙스를 첨가한 피카다는 독특한 식감과 깊은 풍미로 요리의 개성을 살려준다. 여기에 허브 향과 풀 향이 나는 다크초콜릿을 넣어보자. 채소의 신선한 풍미가 한층 더 살아날 것이다.

분량 4인분

무엇이 필요할까?

소요시간
40분

재료
엑스트라 버진 올리브오일 3테이블
  스푼
으깬 마늘 3~4쪽
얇게 썬 중간 크기의 양파 1개
굵게 썬 방울토마토 225g
커민가루 ½티스푼
오레가노 생잎 1테이블스푼
카이엔 페퍼가루 ¼티스푼
올스파이스 가루 1꼬집
바다소금 1티스푼
중간 크기의 애호박(1㎝ 크기로 깍둑썰기
  한 상태) 4개
따뜻한 물 또는 치킨스톡 240㎖

피카다 재료
로스팅한 코코아닙스 30g
껍질 벗긴 아몬드(살짝 구운 상태) 12개
잘게 썬 고급 다크초콜릿(코코아 함량
  70~80%) 60g
껍질 벗긴 마늘 1~2쪽
잘게 다진 이탈리안 파슬리 크게 한줌
  + 적당량(장식용)

1 바닥이 두꺼운 냄비에 식용유를 두르고 중간 불로 열을 가한다. 으깬 마늘을 넣고 10초간 볶는다. 여기에 양파를 넣고 저으면서 4분간 볶는다.

2 방울토마토, 커민가루, 오레가노 생잎, 카이엔 페퍼가루, 올스파이스, 소금을 냄비에 넣고 잘 섞는다. 3분간 은근히 끓인다.

3 애호박을 냄비에 넣고 2분간 익힌다. 그동안 절구나 푸드 프로세서를 이용해 피카다 재료들을 함께 으깨어 거칠거칠한 질감의 페이스트를 만든다.

4 피카다 페이스트를 따뜻한 물(또는 치킨 스톡)과 함께 냄비에 넣고 잘 섞어준다. 내용물이 다시 끓기 시작하면 불세기를 낮추고 뚜껑을 덮는다.

5 냄비의 내용물을 5분간 은근히 끓인 뒤, 입맛에 따라 간을 한다. 완성된 뜨거운 소프리토를 밥에 비벼 먹거나, 잘게 썬 양배추에 소프리토를 한 국자 올려 올리브오일을 살짝 뿌린 뒤 입맛에 따라 소금을 추가해서 먹는다.

* picada; 아몬드, 헤이즐넛 등의 견과류에 마늘과 허브를 가미한 소스. 주로 요리의 마지막에 넣어 맛을 완성시키는 재료다.—옮긴이

** sofrito; 토마토, 양파, 마늘 등을 기름에 볶은 양념—옮긴이

마리셀 E. 프리실라

향신료를 첨가한 과테말라식 카카오 음료

과테말라 전통식 카카오 음료는 유제품이 들어가지 않아 핫초콜릿 대신 가볍게 마시기 좋다. 향신료와 코코아닙스를 갈아 넣은 원상태 그대로 마시거나, 촘촘한 체에 한 번 걸러서 벨벳처럼 부드럽게 만들어서 마셔도 좋다.

분량 3~4인분

무엇이 필요할까?

소요시간
20분

도구
커피 그라인더, 향신료 그라인더, 소형
푸드 프로세서 중 하나

재료
코코아닙스 85g
올스파이스(가루가 아닌 통열매) 4알
시나몬 스틱 2개
흑후추 ¼티스푼
갈색 각설탕(또는 무스코바도 설탕) 100g

1 바닥이 두꺼운 중간 크기의 프라이팬을 중간불로 달군다. 코코아닙스를 프라이팬에 넣고 향이 올라올 때까지 기름 없이 몇 초간 볶는다. 그릇에 옮겨 담는다.

2 올스파이스, 시나몬 스틱, 흑후추를 프라이팬에 넣고 향이 올라올 때까지 몇 초간 살짝 굽는다. 프라이팬에서 꺼내어 그라인더에 넣고 곱게 간다.

3 곱게 간 향신료 가루를 코코아닙스에 넣고 잘 섞어준다. 그런 다음 혼합물을 2~3번에 나누어 그라인더에 다시 넣고, 고운 입자가 될 때까지 갈아준다.

4 중간 크기의 소스팬에 물 1ℓ를 넣고 센 불로 열을 가한다. 여기에 설탕을 넣고 저어서 용해시킨다. 물이 끓기 시작하면 불세기를 줄이고 3번의 혼합물을 넣는다.

5 소스팬의 내용물을 힘차게 휘저어서 완전히 혼합시킨 뒤 뜨겁게 해서 마신다. 코코아 음료를 크림 같은 질감으로 먹고 싶다면, 내용물을 블렌더에 넣고 간다. 취향에 따라 차 여과기나 작은 체에 걸러 마셔도 좋다.

응용 레시피

크리미 핫초콜릿

• 분량: 1인분

초콜릿의 코코아 함량은 취향에 맞게 고른다. **일반 우유 250㎖, 코코아파우더 1테이블스푼, 얇게 썬 고급 다크초콜릿 50g, 더블크림 1테이블스푼, 정제당 1티스푼**을 바닥이 두꺼운 작은 소스팬에 넣고 섞는다. 휘저으면서 중간 불에 끓인 뒤 마신다.

스페인식 핫초콜릿

• 분량: 1인분

옥수수분말 1티스푼과 **코코아파우더 1티스푼**을 바닥이 두꺼운 작은 소스팬에 넣는다. **일반 우유 250㎖**를 준비한다. 소스팬에 우유를 조금 붓고, 휘저어서 부드러운 페이스트를 만든다. 여기에 남은 우유와 **곱게 썬 고급 밀크초콜릿 50g**을 넣는다. 덩어리진 부분이 없도록 휘저으면서 중간 불에 끓인다. 기포가 올라오기 시작하면 불세기를 줄이고, 중간 중간 저어주면서 2~3분간 가볍게 끓인 뒤 마신다.

멕시코식 핫초콜릿

• 분량: 1인분

일반 우유 250㎖, 코코아파우더 1테이블스푼, 곱게 썬 고급 다크초콜릿 50g, 정제당 1티스푼, 바닐라 농축액 ¼티스푼, 시나몬 가루 ¼티스푼, 칠리 파우더 1꼬집을 바닥이 두꺼운 작은 소스팬에 넣고 섞는다. 휘저으면서 중간 불에 끓인다. 맛을 보고 취향에 따라 칠리 파우더를 조금 추가한다. 기포가 올라오기 시작하면 불을 줄이고, 중간 중간 저어주면서 2~3분간 가볍게 끓인 뒤 마신다.

다양한 종류의 퐁듀

부드럽고 진한 퐁듀는 가장 간편하게 즐길 수 있는 초콜릿 디저트다. 퐁듀에서 소스만큼 중요한 요소가 바로 소스에 찍어먹는 음식이다. 과일, 단단한 케이크 조각, 비스코티, 프레첼 등을 준비해 퐁듀 소스에 찍어 먹어보자. 퐁듀는 만든 즉시 먹어야 하므로 요리를 시작하기 전에 꼬챙이 음식을 미리 준비해놓아야 한다. 다음의 레시피는 모두 4인분 기준이다.

다크초콜릿 퐁듀

1 고급 **다크초콜릿**(코코아 함량 60%) 175g을 얇게 썬다. 그런 다음 **휘핑크림 125㎖, 무가염 버터 1테이블스푼, 정제당 1테이블스푼, 소금 1꼬집**과 함께 중간 크기의 바닥이 두꺼운 소스팬에 담는다.

2 내용물을 중간 불로 서서히 데운다. 초콜릿이 녹으면서 부드럽고 매끈한 질감이 될 때까지 계속 휘저어준다.

3 퐁듀 세트에 담아 따뜻하게 유지한다. 또는 그릇에 담아 준비해둔 꼬챙이 음식과 함께 바로 먹는다.

화이트초콜릿 &
코코넛 퐁듀

1 고급 **화이트초콜릿** 250g을 얇게 썬다. 그런 다음 **휘핑크림 125㎖, 코코넛 향 리큐어 1테이블스푼**과 함께 중간 크기의 바닥이 두꺼운 소스팬에 담는다.

2 내용물을 중간 불로 서서히 데운다. 초콜릿이 녹으면서 부드럽고 매끈한 질감이 될 때까지 계속 휘저어준다.

3 퐁듀 세트에 담아 따뜻하게 유지한다. 또는 그릇에 담아 준비해둔 꼬챙이 음식과 함께 바로 먹는다.

초콜릿 & 피넛버터 퐁듀

1 고급 **다크초콜릿**(코코아 함량 60%) **75g**를 얇게 썬다. 그런 다음 **휘핑크림 150㎖, 부드러운 피넛버터 75g**와 함께 중간 크기의 바닥이 두꺼운 소스팬에 담는다.

2 내용물을 중간 불로 서서히 데운다. 초콜릿이 녹으면서 부드럽고 매끈한 질감이 될 때까지 계속 휘저어준다.

3 퐁듀 세트에 담아 따뜻하게 유지한다. 또는 그릇에 담아 준비해둔 꼬챙이 음식과 함께 바로 먹는다.

미니 스모어 퐁듀

1 고급 **밀크초콜릿 240g**을 얇게 썬다. 그런 다음 **휘핑크림 160㎖**과 함께 중간 크기의 바닥이 두꺼운 소스팬에 담는다.

2 내용물을 중간 불로 서서히 데운다. 초콜릿이 녹으면서 부드럽고 매끈한 질감이 될 때까지 계속 휘저어준다.

3 **내열 램킨볼 4개**에 퐁듀를 균일하게 나누어 담는다. 그 위에 작은 마시멜로들을 동심원을 그리듯 살포시 올려 퐁듀를 완전히 뒤덮는다.

4 램킨볼을 오븐팬에 올려 센 불로 1~2분간 구워 마시멜로 겉이 갈색이 되게 한다. 이때 마시멜로 상태를 유심히 지켜봐야 한다. 퐁듀가 완성되면 준비해둔 꼬챙이 음식과 함께 먹는다.

폴 A. 영

생강 설탕절임 & 펜넬 아이스크림

폴 A. 영은 다크초콜릿을 차갑게 요리하면 복합적인 향미가 사라진다는 것을 발견하고는 밀크초콜릿을 이용해서 아이스크림을 만들었다. 결과는 대만족이었다. 풍미가 그대로 살아 있는 밀크초콜릿 아이스크림이 완성된 것이다.

분량 6인분

무엇이 필요할까?

소요시간
20분 + 식히고, 휘젓고, 밤새 냉동시키
는 시간

도구
아이스크림 제조기
깊이가 얕은 냉동전용 밀폐용기(2.5ℓ)
1개

재료
달걀노른자 6개
비정제 황설탕 100g
일반 우유 250㎖
더블크림 250㎖
잘게 썬 고급 밀크초콜릿(코코아 함량
 40%) 75g
생강 설탕절임 50g
펜넬 씨(대충 다진 상태) 20g

1 아이스크림 제조기를 제품설명서대로 준비한다. 커다란 그릇에 달걀노른자와 설탕을 넣고 부드러워질 때까지 휘젓는다. 중간 크기의 소스팬에 우유와 더블크림을 넣고 중간 불에 가볍게 끓인다.

2 우유 혼합물을 내열 계량컵에 담고, 물줄기를 가늘게 조절해 달걀 혼합물에 붓는다. 잘 휘저어준다. 내용물이 완전히 혼합되면 체에 걸러 소스팬에 다시 담는다.

3 소스팬의 내용물을 저으면서 중약불에 2~3분간 데운다. 숟가락 뒷면이 뒤덮일 정도로 걸쭉하게 만든다.

4 불을 끄고 소스 팬에 초콜릿을 넣는다. 잘 휘저어서 완전히 혼합시킨 뒤 그대로 두어서 완전히 식힌다.

5 완전히 식은 내용물을 아이스크림 제조기에 붓고 되직해질 때까지 휘젓는다. 그동안 생강 설탕절임을 잘게 다져 펜넬 씨와 섞는다.

6 아이스크림이 완성되면 생강 설탕절임과 펜넬 씨를 넣고 혼합시킨다. 냉동전용 밀폐용기에 담아 밤새 냉동시킨다. 냉동실에서 꺼낸 뒤 20분간 기다렸다가 먹는다. 아이스크림은 냉동실에 한두 달 동안 보관할 수 있다.

돔 램지(Dom Ramsey)

초콜릿 & 허니 소르베

이 레시피는 유제품이 전혀 들어가지 않았는데도 크림 같은 초콜릿 아이스크림의 향미와 식감이 모두 담겨 있다. 아이스크림 제조기만 있으면 누구나 쉽게 만들 수 있다.

분량 4~6인분

무엇이 필요할까?

소요시간
20~25분 + 식히고, 냉각하고, 냉동하는
시간

도구
아이스크림 제조기
깊이가 얕은 냉동전용 밀폐용기(1.5ℓ) 1개

재료
바닐라 설탕 200g
잘게 썬 고급 다크초콜릿(코코아 함량 70%)
400g
꿀 2테이블스푼
바다소금 1꼬집

1 아이스크림 제조기를 제품설명서대로 준비한다. 설탕과 물 700㎖을 소스팬에 넣고 약한 불로 끓인다. 중간 중간 저어서 설탕을 모두 용해시킨다. 불세기를 중간으로 올리고 5분간 은근히 끓인 뒤 불을 끈다.

2 초콜릿을 소스팬에 소량씩 추가한다. 초콜릿을 넣을 때마다 힘차게 휘저어서 시럽 형태로 만든다. 초콜릿을 모두 넣을 때까지 반복한다.

3 꿀과 소금을 소스팬에 첨가한다. 휘저어서 완전히 혼합시킨다. 시럽이 완성되면 커다란 내열 그릇에 붓는다. 그대로 두어서 완전히 식힌 뒤 냉각시킨다.

4 시럽을 아이스크림 제조기에 넣고 제품설명서에 따라 30~40분간 휘저어서 소르베를 만든다. 밀폐용기에 넣고 3~4시간 동안 냉동시킨다. 밤새 냉동실에 넣어두면 더 좋다. 소르베를 꺼내 차가운 그릇에 담아서 먹는다.

팁! 바닐라 설탕이 없으면, 정제당 200g과 고급 바닐라 농축액 ½티스푼을 섞으면 된다.

제스 카(Jesse Carr)

크리켓 오브 더 나이트 칵테일

제스 카는 1920년대 미국 뉴올리언스에서 창안한 '그래스호퍼' 칵테일에서 영감을 받아 '크리켓 오브 더 나이트' 칵테일을 만들었다. 그동안은 품질 좋은 크림 드 카카오와 크림 드 민트를 구하기 힘들었는데, 마침 얼마 전부터 고급 버전이 시판되기 시작했다. 고급 리큐어에 강렬한 압생트와 초콜릿까지 더하면, 한층 더 복합적이고 매력적인 칵테일이 완성된다.

분량 1인분

무엇이 필요할까?

소요시간
5분 + 냉동하는 시간

도구
칵테일 잔
칵테일 쉐이커
차 여과기

재료
크림 드 카카오* 30㎖
크림 드 민트** 20㎖
압생트 10㎖
더블크림 30㎖
코냑(VSOP) 15㎖
민트 생잎 작은 한줌 + 적당량(장식용)
얼음조각 적당량
깎아서 부스러기로 만든 고급 다크초콜릿(코코아 함량 60%)

* creme de cacao; 브랜디를 기주(基酒)로 해서 코코아, 바닐라 등을 사용해 만든 진갈색의 리큐어–옮긴이
** creme de menthe; 박하 향이 강한 리큐어–옮긴이

1 칵테일을 만들기 5분 전에 칵테일 잔을 냉동실에 넣어둔다.

2 칵테일 잔을 냉동실에서 꺼낸다. 칵테일 쉐이커에 액체 재료들을 넣는다. 여기에 민트를 첨가한 다음 얼음조각을 채운다.

3 쉐이커의 뚜껑을 닫고, 얼음이 부서지는 소리가 들릴 때까지 20초간 세게 흔든다.

4 칵테일 잔 위에 차 여과기를 놓는다. 쉐이커 내부의 거름망에 일차적으로 거른 뒤, 차 여과기로 한 번 더 걸러 칵테일 잔에 담는다.

5 깎아서 부스러기로 만든 고급 다크초콜릿과 민트를 올려 바로 마신다.

용어설명

가나슈(ganache)
초콜릿과 크림을 섞은 것으로 버터를 첨가하기도 한다. 트뤼플, 쉘초코링, 케이크에 사용한다.

다크밀크초콜릿(dark milk chocolate)
일반적인 밀크초콜릿보다 코코아 함량이 높은 제품으로 유고형분이 들어간 초콜릿

더치식 코코아파우더(dutch-process cocoa powder)
신맛을 줄이고 견과 향이 나도록 처리한 코코아파우더

레시틴(lecithin)
초콜릿과 재료를 결합시키는 천연 유화제

롤러 미분쇄기(roll refiner)
여러 개의 롤러를 이용해 초콜릿을 미분쇄하는 기계

멜랑제(melanger)
코코아닙스를 그라인딩하고 미분쇄해 액상 초콜릿으로 만들게 설계된 그라인딩 기계

블렌딩 초콜릿(blended chocolate)
품종이나 원산지가 다른 코코아콩을 두 종류 이상 섞어 만든 초콜릿

빈투바 초콜릿(bean-to-bar chocolate)
여러 회사를 거치지 않고 회사 한곳에서 직접 코코아콩으로 만든 초콜릿

쇼콜라티에(chocolatier)
커버추어 등 시판용 초콜릿을 이용해 판초콜릿, 트뤼플, 쉘초콜릿, 기타 초콜릿 당과제품을 만드는 사람

쉘초콜릿(filled chocolates)
얇은 초콜릿 껍질 안에 가나슈, 프랄린, 기타 필링 재료를 채운 초콜릿

싱글 오리진 초콜릿(single-origin chocolate)
하나의 원산지국에서 생산한 코코아콩만으로 만든 초콜릿(블렌딩 초콜릿 참조)

싱글 이스테이트 초콜릿(single-estate chocolate)
하나의 농장이나 사유지에서 생산한 코코아콩만으로 만든 초콜릿으로 해당 지역 고유의 향미를 보여준다.

윈노윙(winnowing)
코코아콩의 껍질을 제거하고 코코아닙스만 남기는 작업

초콜릿이 엉겨 붙는 현상(seizing)
초콜릿이 액체 상태에서 수분에 닿으면 덩어리가 지면서 되직해지는 현상

초콜릿 제조자(chocolate maker)
빈투바 초콜릿 제품을 만드는 사람 또는 회사

커버추어(couverture)
파티시에와 쇼콜라티에가 사용할 용도로 만들어진 초콜릿. 코코아버터 함량이 높다.

코코아 고형물(cocoa solids)
초콜릿 포장에 코코아 함량을 표시할 때 사용하는 용어. 일반적으로 코코아콩과 코코아버터를 모두 포함한 함량을 가리킨다.

코코아닙스(cocoa nibs)
껍질이 아직 붙어 있는 코코아 조각. 주로 로스팅 단계를 거친 상태다.

코코아버터(cocoa butter)
코코아콩 안에서 자연 생성되는 지방. 초콜릿에 코코아버터를 넣으면 초콜릿이 부드러워지고 작업하기 쉬운 상태가 된다.

코코아 케이크(cocoa cake)
압착한 코코아콩에서 코코아버터를 제거하고 남은 코코아매스 고형물

콘칭(conching)
초콜릿 향미를 향상시키기 위해 액체 형태의 초콜릿을 오랜 시간 동안 저어주는 작업

크리올로(criollo)
대표적인 카카오 품종 중 하나. 세계 최상급 카카오 품종들이 크리올로 계통에 속한다.

테오브로마 카카오(theobroma cacao)
카카오나무의 학명으로 '신의 음식 카카오'라는 뜻이다.

테오브로민(theobromine)
코코아콩 속의 화학물질로 뇌에서 엔도르핀을 생성하고, 심장박동을 촉진하고, 혈관을 확장하는 것으로 알려져 있다.

템퍼링(tempering)
초콜릿을 정확한 온도에서 녹이고 식히는 과정. 초콜릿의 매끈한 광택을 살리고 부러뜨렸을 때 '탁' 하는 경쾌한 소리가 나게 만든다.

트램핑(tramping; 발로 코코아콩 휘젓기)
코코아콩을 건조하는 기술. 농부가 발로 코코아콩을 휘젓고 다니며 골고루 건조되도록 뒤집어주는 방식이다.

트뤼플(truffles)
작은 공 모양의 가나슈를 코코아파우더, 견과류, 기타 재료에 담그거나 굴린 것

트리니타리오(trinitario)
크리올로와 포라스테로를 이종 교배한 품종. 태생지인 트리니다드 섬의 이름을 따서 '트리니타리오'라고 부른다.

트리투바 초콜릿(tree-to-bar chocolate)
제조자가 직접 재배, 수확, 가공 처리한 코코아콩으로 만든 초콜릿

포라스테로(forastero)
가장 많이 재배되는 카카오 품종으로 주로 대량생산용 초콜릿에 사용한다.

코코아 vs 카카오

오늘날 초콜릿업계에서는 테오브로마 카카오의 열매를 가리키는 '코코아'와 '카카오'란 단어를 혼용해서 사용한다(15쪽의 '카카오 이름의 유래' 참조). 이 책에서는 두 단어를 구분하기 위해서 발효 이전의 농장, 재배지, 나무, 열매, 씨앗을 가리켜 '카카오'라고 했으며, 발효 이후의 단계에서는 '코코아'라는 명칭을 사용했다.

찾아보기

초코홀릭

발행일 2017년 1월 10일 초판 1쇄 발행
지은이 돔 램지
옮긴이 이보미
발행인 강학경
발행처 시그마북스
마케팅 정제용, 한이슬
에디터 권경자, 장민정, 신미순, 최윤정
디자인 최희민, 윤수경
등록번호 제10-965호
주소 서울특별시 영등포구 양평로 22길 21 선유도코오롱디지털
　　　타워 A404호
전자우편 sigma@spress.co.kr
홈페이지 http://www.sigmabooks.co.kr
전화 (02) 2062-5288~9
팩시밀리 (02) 323-4197
ISBN 978-89-8445-820-8 (03590)

First published in Great Britain in 2016 by
Dorling Kindersley Limited
80 Strand, London, WC2R 0RL

Copyright © 2016 Dorling Kindersley Limited
A Penguin Random House Company
2 4 6 8 10 9 7 5 3 1
001　285447　Sep/2016

Copyright © 2016 Dorling Kindersley Limited

Illustrations Vicky Read
Photography William Reavell

Printed and bound in China

이 도서의 국립중앙도서관 출판예정도서목록(CIP)은 서지정보유통
지원시스템 홈페이지(http://seoji.nl.go.kr)와 국가자료공동목록시스
템(http://www.nl.go.kr/kolisnet)에서 이용하실 수 있습니다.
(CIP제어번호: CIP2016021803)

* 시그마북스는 (주)시그마프레스의 자매회사로 일반 단행본 전문 출판사
입니다.

A WORLD OF IDEAS:
SEE ALL THERE IS TO KNOW
www.dk.com

지은이 _ 돔 램지(DOM RAMSEY)

영국을 기반으로 활동하는 초콜릿 전문가이자 빈투바 초콜릿 제조자이며, 세계에서 가장 오래된 초콜릿 전문 블로그인 '초카블로그(Chocablog)'의 운영자다. 국제 초콜릿대회에도 심사위원으로 꾸준히 초대되고 있다. 자신의 주방에서 시도했던 다양한 초콜릿 레시피를 바탕으로 '댐슨 초콜릿'이라는 회사를 설립했으며, 초콜릿 대회에서 수상한 경력이 있다.

옮긴이 _ 이보미

한국외국어대학교 프랑스어과와 동대학교 통번역대학원 한불과를 졸업했다. 정부 협력기관에서 통번역 업무를 했으며, 현재 번역 에이전시 엔터스코리아에서 출판기획과 전문번역가로 활동하고 있다. 옮긴 책으로는 『5가지 재료로 10분 만에 만드는 맛있는 프랑스 요리』, 『한 컵 베이킹』, 『안녕, 머그컵 케이크』 등이 있다.

사진 작업을 도와주신 분들

사진을 사용할 수 있게 허락해주신 모든 분들께 감사를 드립니다.
(a-위, b-아래, c-중앙, f-맨 끝, l-왼쪽, r-오른쪽, t-위)

10쪽 돌링 킨더슬리(Dorling Kindersley), 게리 옴블러(Gary Ombler), 『로얄 보타닉 가든,
　　　큐(Royal Botanic Gardens, Kew)』(bl)
21쪽 미국의회도서관, 워싱턴D.C. (tr)
27쪽 돔 램지 (cr)
32쪽 돔 램지 (crb)
33쪽 돔 램지 (tc, br)
51쪽 돌링 킨더슬리, 게리 옴블러, 『초콜릿 장인(L'Artisan du Chocolat)』(cr)
51쪽 돌링 킨더슬리, 게리 옴블러, 『초콜릿 장인』(br)
60쪽 베르티 아케슨 (crb)
64쪽 돔 램지 (br)
65쪽 돔 램지 (t, b, cr)
86쪽 돔 램지 (br)
87쪽 돔 램지 (tl, ca, b)
116쪽 로랑 제르보 (br)
117쪽 로랑 제르보 (cra, b), 돔 램지 (tl)
132쪽 제이슨 이코노미디스(Jason Economides) (br)
133쪽 국제 초콜릿 시상식, 지오바나 고리(Giovanna Gori) (b), 돔 램지 (tl)

기타 모든 이미지 © 돌링 킨더슬리
자세한 정보는 www.dkimages.com을 참조하세요.

지도의 기호와 표시

56~95쪽의 지도에 표시된 작은 카카오꼬투리 모양은 주목할 만한 카카오 재배지를 나타낸 것이다. 지도의 노란색 영역은 카카오가 광범위하게 재배되는 지역을 의미하는 것으로 행정구역이나 기후특성에 따른 지리적 영역을 기준으로 표시했다.